Jens Schöne
Das sozialistische Dorf
Bodenreform und Kollektivierung in der Sowjetzone und DDR

Schriftenreihe des Sächsischen Landesbeauftragten für die Stasi-Unterlagen
Band 8

Folgende Bände sind erschienen:

Der Sächsische Landesbeauftragte für die Unterlagen des Staatssicherheitsdienstes der ehemaligen DDR

Jens Schöne

Das sozialistische Dorf

Bodenreform und Kollektivierung in der Sowjetzone und DDR

EVANGELISCHE VERLAGSANSTALT
Leipzig

Die Deutsche Bibliothek – Bibliographische Informationen
Die Deutsche Bibliothek verzeichnet diese Publikation in der Deutschen
Nationalbibliographie; detaillierte bibliographische Daten sind im Internet
über <http://dnb.ddb.de> abrufbar.

© 2008 by Evangelische Verlagsanstalt GmbH, Leipzig
Printed in Germany · H 7220
Alle Rechte vorbehalten
Gesamtgestaltung: behnelux gestaltung, Halle
Umschlagfoto: SLUB / Deutsche Fotothek / Höhne & Pohl
Druck und Binden:
DZA Druckerei zu Altenburg GmbH, Altenburg

ISBN 978-3-374-02595-4
www.eva-leipzig.de

www.lstu-sachsen.de

Inhalt

BAUEN WIR GEMEINSAM DAS

SOZIALISTISCHE DORF!

Großhennersdorf. Jugendforum: Werbung für sozialistische Produktionsmethoden in der Landwirtschaft.

Vorwort

»Wie soll denn in diesen kleinen Gehöften ein Bauer überhaupt existieren können?« So hat der in der Nachkriegszeit für die Umsetzung der Bodenreform zuständige Ministerialrat im Landwirtschaftsministerium, Wilhelm Grothaus, den sächsischen Innenminister Kurt Fischer gefragt. Fischer habe geantwortet: »Das sollen ja auch keine Bauerngehöfte werden, das sollen Landarbeiterwohnungen werden. Wenn die ganze Enteignung – die kommt in der nächsten Zeit – durchgeführt ist, dann brauchen wir keine Neubauerngehöfte, dann müssen wir Landarbeiterwohnungen haben. Das werden alles Landarbeiterwohnungen.« Auf den Einwand von Grothaus, dass die Neubauern das Land doch als vererbbares Eigentum erhalten hätten, habe Fischer reagiert: »Ist gar nicht beabsichtigt. Das ist nur für den Augenblick, um die übrigen Parteien dafür zu interessieren, um zunächst die Flüchtlinge unterzubringen«. Für Grothaus, der nach seiner Flucht in die Bundesrepublik 1966 vom WDR interviewt wurde, stand damit fest: »diese ganze Bodenreform war aufgelegter Schwindel, vom ersten Tag an.«

Während die Bodenreform landwirtschaftliche Großbetriebe zugunsten von Kleinbauern zerschlug, hat die Kollektivierung die kleinen und mittleren Bauernwirtschaften zerstört und in neu geschaffene Großbetriebe hineingezwungen. Lange galten die Bodenreform von 1945 bis 1948, und die Kollektivierung von 1952 bis 1960 als gegenläufige Maßnahmen einer in sich widersprüchlichen Politik. Doch dieser Eindruck trügt. Das vorliegende Buch von Jens Schöne zeigt sehr anschaulich, dass Bodenreform und Kollektivierung zusammengehörten und zwei Teile eines Plans waren. Dieser Plan sah nichts anderes vor, als die komplette Liquidierung der selbstständigen Bauern als Klasse. Nach der Ideologie von Marx galten die Bauern als eine zu bekämpfende Klasse – und zwar deswegen, weil sie im Gegensatz zum Proletariat Besitzer ihrer »Produktionsmittel« und oft auch des von ihnen bewirtschafteten Bodens waren. Die Leninsche Strategie zur Umsetzung der marxistischen Klassenideologie bestand aus einem Zweischritt: zuerst Enteignung und Vertreibung der Groß- und Mittelbauern zugunsten von Kleinbauern und dann die Kollektivierung, d. h. die faktische Enteignung des gesamten Bauernstandes mit dem Ziel seiner Proletarisierung und der hierfür erforderlichen Konzentration und Industrialisierung der gesamten Landwirtschaft.

In der Sowjetunion wurden beide Teile dieses Plans mit einer unglaublichen Brutalität umgesetzt und jeweils mit einem systematischen Raub des Erntegutes verbunden. Die erste Welle des sowjetischen Kampfes gegen die Bauern von 1918 bis 1921 führte zu einer Verwüstung der Dörfer und zu einem Zusammenbruch der Bauernhaushalte. An ihrem Ende stand die Hungersnot von 1921/22, deren Opferzahl Alexander Jakowlew in seinem Buch »Ein Jahrhundert der Gewalt in Sowjetrussland« mit fünf Millionen beziffert. Die zweite Welle der Vernichtung des Bauerntums, die eigentliche Zwangskollektivierung, die von 1929 bis 1932 andauerte und mit der Deportation von über zwei Millionen Bauern in z. T. unbewohnte Gebiete einherging, mündete in die Hungersnot von 1932/33. Ihr fielen wiederum mehr als fünf Millionen Menschen zum Opfer, so Jakowlew 2004.

Auch im kommunistischen China erfolgte die Vernichtung des Bauernstandes in zwei Teilschritten: Der Bodenreform von 1949 bis 1952, bei der die Dorfbewohner meist der Hinrichtung der Landbesitzer zustimmen und ihr beiwohnen mussten, fielen ca. zwei Millionen Menschen zum Opfer. Bei der in China 1958 begonnenen Zwangskollektivierung wurden die Dörfer systematisch zerstört und in »Volkskommunen« umgewandelt. Die chinesische Zwangskollektivierung war zentraler Bestandteil der Politik des »großen Sprungs nach vorn« von 1958 bis 1961, die zu einer Katastrophe führte, die Jean-Louis Margolin im »Schwarzbuch des Kommunismus« als die »größte Hungersnot aller Zeiten« bezeichnete. Ihr fielen (je nach Quelle) 20 bis 43 Millionen Menschen zum Opfer. Bis heute wird kaum zur Kenntnis genommen, dass sowohl in der Sowjetunion als auch in China die mit Abstand größte Opfergruppe des Kommunismus dem Vernichtungsfeldzug gegen die Bauern zuzurechnen ist. »Die Bolschewiki haben zweifellos einen Krieg gegen das Dorf geführt, der zugleich ein Krieg der Stadt gegen das Land war«, so der Historiker Manfred Hildermeier. Es ist noch immer kaum fassbar, wieso die kommunistischen Systeme mit einer derartigen Konsequenz eine Beseitigung des Bauernstandes anstrebten – zumal, wenn sie sich, wie im Falle der DDR, zynisch als »Arbeiter- und Bauernmacht« bezeichneten.

Wie in der Sowjetunion 1928 und in China 1955/56 begann die Kollektivierung auch in der DDR mit einer Kampagne für einen mehr oder weniger freiwilligen Zusammenschluss in sozialistischen Genossenschaften. Nachdem Stalin im April 1952 Ulbricht nach Kolchosen in der DDR befragt hatte, wurde auf der 2. Parteikonferenz der SED im Juli 1952 die Kollektivierungskampagne ausgerufen. Wie Jens Schöne im vorliegenden Buch aufzeigt, konnte in der DDR diesem Auftakt der Kollektivierung die systematische Zwangskollektivierung deswegen nicht unmittelbar folgen, weil die Auswirkungen des Volksaufstandes vom Juni 1953 eine solche Politik zunächst nicht zuließen. Erst Anfang 1960 rollte unter der Bezeichnung »Sozialistischer Frühling auf dem Lande« die finale Zwangskollektivierung als eine beispiellose, von Stasi, Volkspolizei und Tausenden »Agitatoren« getragene Repressionswelle von Nord nach Süd durch die DDR. Ihr Ergebnis war die sogenannte »Vollkollektivierung«. Insgesamt sind in der DDR etwa 850 000 Einzelbauern in die LPG gezwungen worden. Auch wenn in der DDR das Eigentum der kollektivierten Bauern formell nicht angetastet wurde, kam der Entzug der Verfügungsrechte für Boden, Wirtschaftsgebäude und Inventar einer faktischen Enteignung gleich.

Jens Schöne geht in diesem Buch auch auf den Zusammenhang zwischen Zwangskollektivierung und Mauerbau ein. Schließlich waren sowohl die Entrechtung der Bauern als auch die dadurch verursachten Versorgungsengpässe der Bevölkerung für den rapiden Anstieg der Fluchtwelle mit verantwortlich. Ein Großteil der tyrannisierten und gedemütigten, zu Landarbeitern degradierten Bauern hat sich in großer Verzweiflung zur Flucht in den Westen entschlossen. Vermutlich sorgte aber gerade die bäuerliche Heimatverbundenheit dafür, dass nicht noch weitaus mehr Landwirte geflohen sind. Dass sich die durch die Bodenreform verschärfte Lebensmittelknappheit der Nachkriegsjahre und die kollektivierungsbedingte Nahrungsmittelkrise von 1960 bis 1962 nicht zu Katastrophen ausweiteten, war überwiegend dem Engagement und Improvisationsvermögen der betroffenen Bauern zu verdanken, die sich trotz der entwürdigenden Gängelung durch die kommunistischen Kader für die Ernährungssicherung der Bevölkerung mitverantwortlich fühlten.

Auch wenn in der Sowjetischen Besatzungszone und der DDR der Kampf gegen die Bauern nicht wie in der Sowjetunion oder in China mit systematischen Erschießungen und Massendeportationen einherging – Bodenreform und Kollektivierung wurden in Ostdeutschland nach der gleichen Strategie, nach demselben Fahrplan umgesetzt, wie dort. Vor allem verfolgten diese »Maßnahmen« hier dieselbe Intention wie die unvorstellbaren Verbrechen in der Sowjetunion und in China: Es ging hier wie dort um die ideologisch begründete Absicht, eine als »Klasse« definierte soziale Gruppe vollständig auszulöschen. Die Beseitigung des Berufstandes der selbstständigen Bauern in der DDR stand nicht nur in einem unmittelbaren Zusammenhang mit den schwersten kommunistischen Verbrechen des 20. Jahrhunderts, sie war – auch wenn es den Akteuren oft nicht bewusst war – ein Bestandteil davon.

Der Schriftsteller Lew Kopelew schrieb in seinem Buch »Und schuf mir einen Götzen« (1979): »Wir glaubten es bedingungslos. Glaubten daß die Beschleunigung der Kollektivierung notwendig sei […], daß wir die potentiellen Bourgeois und Kulaken in bewußte Werktätige zu verwandeln hätten, um sie zu befreien vom ›Idiotismus‹ des dörflichen Lebens, von Unwissenheit und Vorurteilen, um ihnen Kultur und alle Güter des Sozialismus zu bringen. […] Allein in den Jahren 1932 bis 34 starben zweieinhalb Millionen unterernährter Neugeborener. […] Meine Beteiligung an dieser verhängnisvollen Getreideablieferungskampagne ist unentschuldbar und unverzeihlich. Von einer solchen Sünde betet man sich durch nichts frei. Nie kann man sie abbüßen. Man kann nur versuchen, ehrlich mit ihr zu leben. Für mich heißt dies: nichts zu vergessen, nichts zu verschweigen und mich zu bemühen, davon soviel Wahrheit wie möglich zu berichten, so genau wie möglich.« Doch wie sieht es im Osten Deutschlands aus, wo die Verbrechen vergleichsweise gering waren? Gibt es hier nennenswerte Bestrebungen einer offensiven Aufarbeitung der kommunistischen Agrargeschichte, ein Bemühen der in unterschiedlichster Weise Beteiligten, »soviel Wahrheit wie möglich zu berichten«? Bisher kaum.

In der gesamten DDR hatten Bodenreform und Kollektivierung die gewachsenen Agrarstrukturen abrupt zerschlagen.

Überall wurde die mit den betriebswirtschaftlichen und den Besitzverhältnissen verbundene Verantwortung der landwirtschaftlichen Betriebsführung untergraben. Dennoch waren die Folgen dieser Politik auch innerhalb der DDR unterschiedlich. Im Gegensatz zu den traditionell durch große Güter geprägten Agrarstrukturen in Mecklenburg, Vorpommern und Brandenburg, war die ländliche Struktur in Sachsen und Thüringen seit Jahrhunderten überwiegend durch mittelgroße Bauernhöfe geprägt. Während im Norden nach der Kollektivierung, wie größtenteils schon vor der Bodenreform, abhängige Landarbeiter in großen Betrieben arbeiteten, verlor der Süden seinen freien und sehr leistungsfähigen Bauernstand, der bis dahin den Charakter dieser Länder wesentlich mitbestimmt hatte. Die selbstständigen Bauernhöfe waren hier die Grundlage der sozialen, kulturellen und religiösen Traditionen, der Architektur der Dörfer, der bäuerlichen Kulturlandschaft und nicht zuletzt der besonderen Beziehung der Landbevölkerung zum Grund und Boden. Mit der flächendeckenden Zerschlagung der selbstständigen Bauernwirtschaften war die Basis von nahezu allem vernichtet, was die gewachsenen Strukturen im ländlichen Raum – und damit die Identität der Menschen mit ihrer Heimat – geprägt hatte. Mit der Entfremdung der Menschen vom Grund und Boden war schließlich auch die Grundlage für eine nachhaltige und verantwortungsvolle Landbewirtschaftung zerstört, die ja immer auch aus einem erfahrungsgestützten Zusammenspiel mit der Natur besteht.

Welche Folgen hat dies heute? Während in der Bundesrepublik in den 1980er-Jahren die durchschnittliche landwirtschaftliche Betriebsgröße 17,8 Hektar betrug, waren es in der DDR 4636 Hektar. Nach der friedlichen Revolution von 1989/90 verblieben auch in Sachsen etwa zwei Drittel der landwirtschaftlich genutzten Fläche bei den LPG-Nachfolgeunternehmen. Infolge der Kollektivierung gab es mit dem Ende der DDR zwar viele spezialisierte Landarbeiter, aber kaum noch jemanden mit einer universellen bäuerlichen Ausbildung und Erfahrung, der in der Lage war, selbstständig einen landwirtschaftlichen Betrieb zu führen, bzw. wiederaufzubauen. Die wenigen Wiedereinrichter und Neueinrichter, die trotz der widrigen Bedingungen diesen Schritt wagten, klagen bis heute über eine systematische Benachteiligung gegenüber den LPG-Nachfolgebetrieben. Infolge der flächenbezogenen EU-Agrarsubventionen (ca. 300–500 € je Hektar und Jahr) sind Großbetriebe, die zudem weniger Arbeitskräfte je Fläche beschäftigen als kleinere Betriebe, generell bessergestellt. Bezogen auf die ostdeutsche Situation kann man durchaus von diktaturbedingten Subventionsvorteilen für die LPG-Nachfolgeunternehmen sprechen, die zu einer Zementierung der von den Kommunisten herbeigeführten Agrarstruktur beitragen.

Bisher wurde jeder noch so zaghafte Versuch der EU, ein gerechteres System für die Agrarförderung einzuführen, aus den ostdeutschen Bundesländern heraus heftig bekämpft, auch von Vertretern der freiheitlich-demokratisch ausgerichteten Parteien. Selbst der Deutsche Bauernverband hat seit 1990 bei Interessenskonflikten zwischen Benachteiligten und Begünstigten der kommunistischen Agrarpolitik fast immer für Letztere Partei ergriffen. Dort scheut man sich noch nicht einmal vor dem Zynismus, die LPG-Nachfolgeunternehmen als »bäuerliche Mehrfamilienbetriebe« zu bezeichnen. Der Vorsitzende des Sächsischen Verbandes der Landwirte im Nebenberuf (VLN), Matthias Schreier, hat dies im März 2007 zu Recht als »Propaganda im Geiste der Kollektivierungstrupps der ehemaligen DDR« kritisiert.

Dennoch glaube ich nicht, dass die mangelhaften Bemühungen für eine Wiederbelebung bäuerlicher Strukturen in

Ostdeutschland seit 1990 und vor allem die beschämende Verweigerung einer Solidarität mit den durch die kommunistische Agrarpolitik Geschädigten durch pro-kommunistische Einstellungen verursacht sind. Neben den durch die SED-Diktatur initiierten und z. T. bis heute weiterwirkenden Befangenheiten und Abhängigkeiten auf dem Lande, spielt hier vor allem eine bemerkenswerte Unwissenheit über die geschichtlichen Zusammenhänge eine entscheidende Rolle. Auch nach 1989 war kein Bewusstsein dafür vorhanden, dass Bodenreform und Kollektivierung zusammengehörten und Bestandteile der ideologisch begründeten kommunistischen Politik einer vollständigen Vernichtung des Bauernstandes waren – die andernorts dreißig bis fünfzig Millionen Menschen in den Tod geführt hat. Ohne diese Wissens- und Bewusstseinsdefizite hätte die demokratische Agrarpolitik für die ostdeutschen Bundesländer seit der Wiedervereinigung vermutlich andere Schwerpunkte gesetzt. Das betrifft die EU-Ebene ebenso wie die des Bundes und die der betreffenden Länder.

Um so wichtiger ist es, dass nun endlich mehr und mehr Informationen zu diesem Teil unserer Vergangenheit publik werden und zunehmend auch Resonanz in den öffentlichen Medien finden. Es freut mich daher besonders, dass Jens Schöne, einer der ausgewiesensten Experten zu dieser Thematik, die vorliegende Publikation verfasst hat, die in einer neuen und umfassenden Weise die kommunistische Agrargeschichte Ostdeutschlands in den Blick der demokratischen Geschichtsaufarbeitung stellt. Jens Schöne hat in diesem Buch die historischen Zusammenhänge des »sozialistischen Dorfes« tiefgründig analysiert und sehr anschaulich dargestellt. Dafür verdient der Autor dieses Buches größten Dank. Trotz der teils unvorstellbaren Abgründe, die sich bei der Durchforstung dieses Teils der Geschichte auftaten, hat er sich eine nüchterne Schreibweise bewahrt und eine in höchstem Maße solide historische Arbeit vorgelegt. Dennoch ist dieses Buch kein »Fachbuch« für Spezialisten. Es ist ein Geschichtsbuch, das für jedermann verständlich geschrieben ist und zudem durch die reiche Bebilderung dem Leser viele Aspekte der jüngeren Agrargeschichte Ostdeutschlands im wahrsten Sinne vor Augen führt. Für die Bereitstellung von Bildmaterial danke ich dem Bundesarchiv, der Deutschen Fotothek, dem Zeitgeschichtlichen Forum und der Norwegischen Nationalbibliothek. Ein besonderer Dank gilt dem ukrainischen Kino-Foto-Filmarchiv in Kiew, das uns die Fotos rasch, unkompliziert und kostenfrei zur Verfügung gestellt hat. Für die Bereitstellung zahlreicher Dokumente habe ich dem Bundesarchiv, der SAPMO, der Bundesbeauftragten für die Stasi-Unterlagen und dem Sächsischen Hauptstaatsarchiv zu danken. Nicht zuletzt sei Nancy Aris für das Lektorat und die umfangreiche Bildrecherche herzlich gedankt.

Möge dieses Buch auch dazu beitragen, den durch die kommunistische Agrarpolitik Geschädigten mehr Solidarität entgegenzubringen – sowie Interesse und Empathie für einen Berufstand zu wecken, den die Kommunisten auslöschen wollten: den Stand der freien Bauern.

Michael Beleites

1 Einleitung

Zu keinem anderen Zeitpunkt erlebte die Landwirtschaft zwischen Elbe und Oder derart dramatische Veränderungen wie in den Jahren 1945 bis 1960. Jahrhundertealte Strukturen wurden zerschlagen und mehrfach durch neue ersetzt. In einem ersten Schritt waren alle Betriebe mit einer Größe ab 100 Hektar Nutzfläche entschädigungslos enteignet, ihre Besitzer aus den Heimatregionen vertrieben und Zehntausende kleine Hofstellen geschaffen worden. Nur wenige Jahre später setzte ein gänzlich gegenläufiger Prozess ein. Nun wurden die bäuerlichen Wirtschaften auf Betreiben der alleinherrschenden Sozialistischen Einheitspartei Deutschlands (SED) wieder zusammengefasst und innerhalb weniger Jahre über 800 000 Betriebsinhaber von unabhängigen Unternehmern in abhängige Landarbeiter verwandelt. Beide Prozesse waren mit massiven Gewaltmaßnahmen verbunden und wurden als historische Notwendigkeit verbrämt: die Bodenreform als Beitrag zur Entnazifizierung und die am Beginn der 1950er Jahre einsetzende Kollektivierung als Voraussetzung für den Aufbruch in eine bessere, eine modernere Welt.

Tatsächlich bildeten weder Entnazifizierung noch Modernisierung das Hauptinteresse der politischen Entscheidungsträger. Sie dienten lediglich als Rechtfertigung für Maßnahmen, denen es an demokratischer Legitimität fehlte. Die auf Anordnung der sowjetischen Besatzungsmacht realisierte Bodenreform scheint auf den ersten Blick eine unmittelbare Folge der nationalsozialistischen Diktatur zu sein. Immerhin bestand zwischen allen Siegermächten prinzipiell Übereinstimmung, dass die Struktur der deutschen Landwirtschaft verändert werden müsse. Doch die Rücksichtslosigkeit, mit der die Umverteilung des Eigentums in der späteren Deutschen Demokratischen Republik (DDR) auch gegenüber ausgewiesenen Gegnern des Nationalsozialismus umgesetzt wurde, ihre ökonomische Unsinnigkeit und ihre billigend in Kauf genommenen Folgeprobleme geben deutliche Hinweise darauf, dass es eben nicht um die Bekämpfung des totalitären Erbes ging, sondern darum, die Voraussetzungen für die Errichtung einer neuen Diktatur zu schaffen.

Trotz gegensätzlicher Propaganda zielte darauf auch die Kollektivierung ab. Denn welchen Sinn sollte es ansonsten machen, wirtschaftlich gesunde Betriebe gegen den Willen ihrer Eigentümer in Kollektivwirtschaften zu überführen und diese einer zentralen Planökonomie zu unterwerfen, die bisher jeglichen Beweis schuldig geblieben war, dass sie den mannigfaltigen Problemen erfolgreich begegnen würde? Doch diese Frage stand für die Machthaber ohnehin nicht zur Debatte, und dies war ein grundlegendes Problem der kommunistischen Agrarpolitik. Da man glaubte, das Wirken allgemein gültiger Gesetze der gesellschaftlichen Entwicklung erkannt zu haben, war es zweitrangig, wie sich die ergriffenen Maßnahmen unmittelbar auswirkten. Marx, Engels, Lenin und Stalin hatten gelehrt, dass der Sozialismus letztendlich siegen würde, und daran glaubten auch ihre deutschen Gefolgsleute ohne eine Spur von Zweifel. Jede Fehlentwicklung, jeder Produktionsrückgang, jeder Widerstand gegen die eingeschlagene Politik war damit lediglich eine kurze Verzögerung auf dem Weg zum großen Ziel, für die zudem ausschließlich Klassenfeinde, nicht eigene Vergehen verantwortlich waren. Und diese Klassenfeinde galt es mit aller Härte zu bekämpfen. Bodenreform und Kollektivierung zeigen drastisch, welch verheerende Folgen ein solches ideologisch bestimmtes Handeln nach sich zieht.

Ziel der stufenweisen Umgestaltung war das sozialistische Dorf. Dem Machtanspruch der »proletarischen« Partei unterworfen, eng in die zentrale Planwirtschaft eingebunden und so seiner traditionellen Autonomie beraubt, sollte es die

Herrschaft der marxistisch-leninistischen »Avantgarde« auch gegen den Mehrheitswillen der Bevölkerung sichern und die Realität den Vorgaben der Ideologie unterwerfen. Mit diesem Anspruch trat die Kommunistische Partei Deutschlands (KPD) im Sommer 1945 an, und sie verfolgte dieses Ziel unbeirrt. Selbst im Juni des Jahres 1953, als nur sowjetische Panzer den Zusammenbruch des Regimes verhindern konnten, kamen kaum prinzipielle Zweifel am eingeschlagenen Weg auf.

Im Folgenden soll daher nicht nur gefragt werden, wie Bodenreform und Kollektivierung in der Sowjetischen Besatzungszone (SBZ) bzw. der DDR umgesetzt wurden, sondern auch, welche Beweggründe den Ausschlag für die alternativlose Politik gegenüber der ländlichen Gesellschaft gaben und welche Folgen sich daraus entwickelten. Dabei ist ein Blick auf die Grundlagen der marxistisch-leninistischen Agrartheorie ebenso hilfreich wie die Berücksichtigung der Entwicklung in den anderen Staaten unter sowjetischer Vorherrschaft. Denn die vergleichende Perspektive wird zeigen, ob es sich bei den Vorgängen in der SBZ/DDR um weitgehend eigenständige Entwicklungen handelte oder aber ob doch nur das sowjetische Modell übertragen wurde.

Ausgangspunkt bildet das Ende des Zweiten Weltkrieges. Aus ihm resultierte ein besiegtes, zerstörtes, geteiltes Land, das vor zahllosen existenziellen Problemen stand und zunächst vor allem eines sichern musste: die Ernährung der Bevölkerung. Der Agrarwirtschaft kam unter diesen Bedingungen eine ganz besondere Bedeutung zu. In der Erwartung, nach dem sowjetischen Sieg eine herausragende Rolle zu spielen, hatten die deutschen Kommunisten daher schon im Moskauer Exil Pläne entwickelt, wie mit den ländlichen Gebieten nach dem Krieg zu verfahren sei. Die Bodenreform spielte dabei bereits eine zentrale Rolle, doch sollten sich die Einzelheiten erst einige Zeit später herauskristallisieren.

Überhaupt stand jegliche Grundsatzentscheidung unter dem Vorbehalt sowjetischer Zustimmung, die diese jeweils von den eigenen Interessen abhängig machte. Deshalb bestand über den Beginn der Bodenreform bei der KPD-Führung längere Zeit keine klare Vorstellung, deshalb begann der sich anschließende Verdrängungskampf gegen die so genannten Großbauern erst mit dem Ausbruch des Kalten Krieges und deshalb konnte die Kollektivierung erst im Frühjahr 1952 in Angriff genommen werden. Die internationale Politik, insbesondere der wachsende Gegensatz zwischen den Siegermächten des Krieges, schlug sich auch in den Dörfern Ostdeutschlands nieder – wie zu sehen sein wird, mit weit reichenden Auswirkungen.

Nach 15 Jahren faktischer Machtausübung, nach zahlreichen Rückschlägen und immer noch weit von den eigenen Zielstellungen entfernt, entschloss sich die SED-Führung zu Beginn des Jahres 1960, jegliche Widerstände gegen die eigene Politik endgültig zu brechen und dem Sozialismus in den ländlichen Gemeinden abschließend zum Durchbruch zu verhelfen. Dabei zeigte das Regime wie selten zuvor »ungeniert sein hässlichstes Gesicht.«[1] Jegliche Gesetzlichkeit verlor ihre Bedeutung, die Dörfer wurden mit Zwangsmaßnahmen überzogen und mehr als 400 000 Bauern innerhalb weniger Monate zur Aufgabe ihrer Betriebe genötigt. Mit diesem »sozialistischen Frühling« endete die Kollektivierung, und er erbrachte vordergründig tatsächlich die gewünschten Ergebnisse. Fortan waren die Landwirtschaftlichen Produktionsgenossenschaften (LPG) als »sozialistische« Großbetriebe die alles beherrschende Wirtschaftsform, und die selbst ernannte Partei der Arbeiterklasse hatte sich damit den nahezu flächendeckenden Zugriff auf die dörfliche Lebenswelt gesichert. Zwar sollte sich sehr bald erweisen, dass die Probleme damit nicht kleiner wurden, doch war die Euphorie zunächst groß. Walter Ulbricht, SED-Spitzenpolitiker und bis dahin auch

---

1   Peter Graf Kielmansegg, Nach der Katastrophe. Eine Geschichte des geteilten Deutschland. München 2001, S. 597.

wichtigster Protagonist der Agrarpolitik, fasste die damit verbundenen Erwartungen in prägnante Worte: »Das feste Bündnis der Arbeiterklasse und der Bauern und der Zusammenschluß der Bauern in landwirtschaftlichen Produktionsgenossenschaften haben weithin sichtbar gemacht, daß in der zweiten Hälfte dieses Jahrhunderts das deutsche Volk sein Leben neu gestaltet. Nachdem es sich von kapitalistischer Ausbeutung und Unterdrückung befreit hat, steigt es auf zu den Höhen der sozialistischen Gesellschaft.«[2]

Mitte des Jahres 1960 war somit die Formierungsphase der sozialistischen Landwirtschaft in der DDR abgeschlossen. Bodenreform, Verdrängungskampf und Kollektivierung hatten die Strukturen wiederholt und fundamental verändert. Diese Prozesse stehen daher im Zentrum der folgenden Ausführungen. Doch auch ihre mittel- und langfristigen Folgen sollen zur Sprache kommen. Daher beschreibt das abschließende Kapitel in einem Überblick die weitere Entwicklung der DDR-Landwirtschaft bis zu ihrem Ende im Jahr 1990. Dabei wird keineswegs eine vollständige Darstellung angestrebt, sondern vielmehr aufgezeigt, welche Auswirkungen die kommunistische Agrarpolitik hatte, welche vermeintlichen Erfolge sie erzielte, und weshalb sie dennoch am Ende der 1980er Jahre vor kaum überwindbaren Schwierigkeiten, etwa sinkenden Erträgen und schweren Umweltschäden, stand.

Über den gesamten Zeitraum spielte eine Organisationsform im ländlichen Raum *die* zentrale Rolle: die Genossenschaften. Bauern betonten in der Nachkriegszeit deren wichtige Funktionen, Inhaber kaum überlebensfähiger Kleinstbetriebe sahen darin eine Möglichkeit, ihre Existenz zu sichern, und die SED bekämpfte Genossenschaften energisch, ehe sie daran ging, eigene in den Dörfern zu installieren. Was auf den ersten Blick widersprüchlich erscheint, verweist tatsächlich darauf, dass sich hinter dieser einheitlichen Bezeichnung völlig unterschiedliche, zum Teil gänzlich gegensätzliche Konzepte verbargen.

2   Walter Ulbricht, Regierungserklärung über die Entwicklung der landwirtschaftlichen Produktionsgenossenschaften vom 25. 4. 1960, in: Ders., Die Bauernbefreiung in der Deutschen Demokratischen Republik, Bd. I, Berlin 1961, S. 1159–1205, hier S. 1204.

Da diese Konzepte für das Verständnis der Landwirtschaft in SBZ und DDR von grundlegender Bedeutung sind, sei bereits an dieser Stelle auf ihre Besonderheiten verwiesen.

Erstens existierten am Ende des Zweiten Weltkrieges zahllose Genossenschaften traditioneller Prägung, vor allem die Raiffeisengenossenschaften, die sich unterschiedlichsten Bereichen widmeten. Dazu gehörten etwa die Verarbeitung landwirtschaftlicher Produkte, der Handel mit Dünger und Saatgut oder auch die Melioration und die Waldwirtschaft. Ihnen allen war zu eigen, dass es sich um freiwillige Zusammenschlüsse von Produzenten handelte, die sich von der gemeinschaftlichen Ausübung ausgewählter Geschäftszweige einen Vorteil für ihr Einkommen oder ihren Privatbetrieb versprachen. Bereits seit dem Jahr 1889 regelte ein Genossenschaftsgesetz die dafür grundlegenden Fragen. An diese Traditionen knüpften, *zweitens*, viele genossenschaftsähnliche Zusammenschlüsse an, die sich in der Nachkriegszeit überall in der SBZ bildeten. In ihnen sammelten sich vor allem die von der Bodenreform begünstigten Neubauern, die so die schlechte Ausstattung ihrer Betriebe oder auch mangelnde agrarwirtschaftliche Kenntnisse zu kompensieren versuchten und damit durchaus Erfolge erzielten. Auch hierbei handelte es sich um gänzlich freiwillige Zusammenschlüsse, die auf die Förderung ihrer Mitglieder abzielten. Von diesen beiden Formen unterschieden sich grundsätzlich, *drittens*, jene Produktionsgenossenschaften, die von der SED ab dem Sommer 1952 in den Dörfern installiert wurden. Genossenschaftlich war an ihnen nur noch, dass hier mehrere vormalige Produzenten zusammenarbeiteten. In den ersten Monaten der LPG-Gründungen beruhten sie darüber hinaus weitgehend auf Freiwilligkeit, die jedoch beständig an Bedeutung verlor. Spätestens mit dem »sozialistischen Frühling« des Jahres 1960 wurde der Beitritt der Privatbauern durchgängig erzwungen. Diese Produktionsgenossenschaften waren keine Selbstorganisationen ihrer Mitglieder mehr, die zudem kaum noch Einfluss auf deren Arbeit hatten. Alle grundlegenden Entscheidungen wurden von Partei und Staat getroffen, nur Angelegenheiten untergeordneter Bedeutung konnten in den LPG selbst entschieden werden. Geschäftszweck war auch nicht mehr die Förderung der Mitglieder. Vielmehr hatten die Produktionsgenossenschaften als »sozialistische landwirtschaftliche Großbetriebe«[3] ihren Anteil zum Staatshaushalt und damit zum Aufbau der kommunistischen Gesellschaftsordnung zu erbringen. Mit den ursprünglichen Gedanken der Raiffeisentradition hatte dies nichts mehr zu tun.

Die Geschichte der Landwirtschaft in Sowjetzone und DDR ist vor allem eine Geschichte der ländlichen Bevölkerung. Daher sollen im Folgenden nicht nur die zentralen politischen Entscheidungen und ihre Durchsetzung, sondern auch die Auswirkungen in den Dörfern selbst Berücksichtigung finden. Denn nur so ist die Tragweite der SED-Agrarpolitik, die tiefe Spuren hinterlassen hat und bis heute nachwirkt, tatsächlich zu ermessen.

---

3 Gesetz über die landwirtschaftlichen Produktionsgenossenschaften vom 3. Juni 1959, in: Gesetzblatt der Deutschen Demokratischen Republik, Nr. 36, 12. Juni 1959, S. 577–580, hier S. 577.

2 Rahmenbedingungen

2.1 Die deutsche Landwirtschaft am Ende des Zweiten Weltkrieges

Als die nationalsozialistische Diktatur im Frühjahr 1945 zusammenbrach, hatte sie auch im Bereich der Landwirtschaft überaus schädlich gewirkt. Schon seit 1933 fehlten schlüssige Konzepte, und die zunächst schillernden Versprechen an die Bauern erwiesen sich zunehmend als illusionär. Von Anbeginn hatte der Gedanke einer ernährungswirtschaftlichen Autarkie im Mittelpunkt der agrarpolitischen Strategien des NS-Regimes gestanden. Das »Dritte Reich« sollte sich so umfassend wie möglich aus eigener Produktion versorgen können und damit weitgehend unabhängig von den internationalen Märkten werden. Zu präsent waren die Erinnerungen an die Hungerkatastrophen des Ersten Weltkrieges, derartige Erscheinungen sollten für die Zukunft ausgeschlossen werden. Ein wachsender Regulierungswahn war die Folge. Ablieferungspflichten resultierten daraus ebenso wie die Gleichschaltung des landwirtschaftlichen Organisationswesens und die alsbald permanenten »Erzeugungsschlachten«. Die Erfolge derartiger Anstrengungen blieben gleichwohl begrenzt; zu keinem Zeitpunkt wurden die ehrgeizigen Ziele auch nur annähernd erreicht.

Mit der Auflage des ersten Vierjahresplans ab 1936 ordnete sich die Landwirtschaft bedingungslos dem nun offen erhobenen Anspruch des Regimes unter, im genannten Zeitraum »kriegsfähig« zu werden. Die damit einhergehende Konzentration auf jegliche Bereiche der Rüstungsproduktion führte zu einem zunächst langsam, dann aber ständig wachsenden Modernisierungsrückstand des agrarischen Sektors. Spätestens mit dem Beginn des Zweiten Weltkrieges im September 1939 verstärkte sich dieses Phänomen signifikant. Zwar gelang es den Machthabern – nicht zuletzt durch die brutale

Ausbeutung der besetzten Länder – bis 1945 existenzielle Versorgungsengpässe der eigenen Bevölkerung zu vermeiden, doch nur das Kriegsende »kam einer umfassenden Hungerkatastrophe und einem möglichen Stimmungsumschwung hungernder Bevölkerungsteile gegen das Regime zuvor«[4].

Zudem hatten sich im Verlauf des Krieges die strukturellen Probleme der deutschen Landwirtschaft spürbar verstärkt. Die Produktionsmengen sanken, die Anbauflächen schrumpften, Maschinen und Geräte waren vielfach veraltet oder in einem erbärmlichen Zustand, es mangelte allerorts an Zug- und Zuchttieren, dringend benötigte Arbeitskräfte wurden zum Kriegsdienst verpflichtet, und die Böden waren durch das Fehlen von Düngemitteln weitgehend ausgelaugt. Im Vergleich zu den Vorkriegsernten gingen die Erträge bei Getreide und Kartoffeln um mehr als 27 Prozent, bei Zuckerrüben um fast 35 Prozent zurück. Hinzu kamen in wachsendem Maße die unmittelbaren Auswirkungen des Kampfgeschehens. In den Dörfern waren schwere Schäden an jeglicher Art von Gebäuden zu verzeichnen, Transportwege wurden zerstört, auf den verwüsteten Feldern fanden sich unzählige Blindgänger und die allgegenwärtigen Stromabschaltungen machten einen halbwegs geregelten Tagesablauf so gut wie unmöglich. Nahezu 30 Prozent aller landwirtschaftlichen Gerätschaften waren nicht mehr gebrauchsfähig. Nach zwölf Jahren nationalsozialistischer Herrschaft war die Bevölkerung erschöpft und die landwirtschaftliche Produktion stark rückläufig. Die Millionen Flüchtlinge und Vertriebener würden kaum dazu beitragen, die Situation zu entspannen. Die Landwirtschaft stand somit vor einer doppelten Herausforderung, war von zwei gegenläufigen Prozessen geprägt: Einerseits war die Ausstattung mit Betriebsmitteln drastisch zurückgegangen, andererseits war kurzfristig ein sprunghaftes Anwachsen des Bedarfs an Nahrungsmitteln zu erwarten, was zwingend die Steigerung der Erträge erforderte. Es bestand dringender Handlungsbedarf.

---

4   Ulrich Kluge, Agrarwirtschaft und ländliche Gesellschaft im 20. Jahrhundert, München 2005, S. 34.

Der Lebensmittelmangel im Nachkriegsdeutschland erforderte oft Notlösungen: grasende Kühe im Eingangsbereich der Berliner Humboldt-Universität, 1945.

2.2 Landwirtschaft und Kommunismus.
Marx, Engels, Lenin

Trotz wiederholter Initiativen war es den deutschen Kommunisten zu keinem Zeitpunkt gelungen, unter der ländlichen Bevölkerung eine nennenswerte Anhängerschaft zu finden. Selbst im vielschichtigen Machtgerangel zu Zeiten der Weimarer Republik schlugen derartige Bemühungen fast gänzlich fehl. Doch damit standen sie nicht allein. Schon immer hatte sich die kommunistische Bewegung mit der Landbevölkerung schwer getan. Das konnte letztlich kaum überraschen, denn sie war eine urbane Bewegung, in den Städten entstanden, und ihre theoretischen Grundlagen waren mit Blick auf die Industriearbeiterschaft entwickelt worden. Die Bauern galten letztlich als davon abzuleitende Größe – mit weit reichenden Folgen.

Ausgelöst durch die fortschreitende Industrialisierung und die damit einhergehende Verelendung weiter Bevölkerungsteile hatte Mitte des 19. Jahrhunderts eine breite Diskussion darüber eingesetzt, wie den Negativfolgen begegnet werden könne. Zunächst auf den industriellen Sektor bezogen, versuchten die städtischen Intellektuellen alsbald, ihre Modelle auch auf den ländlichen Raum zu übertragen. Da die Konzentration des Bodens in den Händen weniger Betriebsinhaber als Grundübel angesehen wurde, bot sich nahezu zwingend die Idee einer umfassenden Landreform an, mit der die kapitalistischen Großbetriebe der Agrarwirtschaft zurückgedrängt werden sollten. Neben einer gerechteren Verteilung des Bodens sollte so auch die weit verbreitete Landflucht eingedämmt und das wachsende soziale Elend in den Industriestädten bekämpft werden. Zu den Befürwortern der in ihren Einzelheiten sehr unterschiedlichen Entwürfe einer Landreform gehörten unter anderem Franz Oppenheimer, Adolf Damaschke und Max Weber.

Von besonderer Radikalität zeigten sich in diesem Zusammenhang Karl Marx und Friedrich Engels, die bereits 1848 im »Kommunistischen Manifest« die entschädigungslose Enteignung, die »Expropriation des Grundeigentums«, forderten. »Es kann dies natürlich zunächst nur geschehen vermittels despotischer Eingriffe in das Eigentumsrecht und in die bürgerlichen Produktionsverhältnisse, durch Maßregeln also, die ökonomisch unzureichend und unhaltbar erscheinen, die aber im Lauf der Bewegung über sich selbst hinaustreiben und als Mittel zur Umwälzung der gesamten Produktionsweise unvermeidlich sind.«[5] Diese Worte können durchaus als Credo kommunistischer Agrarpolitik betrachtet werden, die in ihrer Bedeutung weit über die eigentlich gemeinte Bodenreform hinausgehen. Denn hier war festgeschrieben, was sich sowohl in der Sowjetunion als auch in den anderen Ostblock-Staaten immer wieder als handlungsleitend erweisen sollte: der Glaube, dass sich ökonomisch unsinnige Entscheidungen

5   Karl Marx/Friedrich Engels, Manifest der Kommunistischen Partei, in: Dies., Ausgewählte Werke in sechs Bänden, Bd. I, Berlin (Ost) 1977, S. 415–451, hier S. 437 f.

durch den Elan der eigenen Bewegung in richtige Entscheidungen verkehren würden. Damit war das Primat von Politik und Ideologie über die Ökonomie festgeschrieben. Daraus sollten sich auch in der DDR – gerade in Verbindung mit der mangelnden Sachkenntnis der Protagonisten bezüglich agrarischer Grundfragen – immer wieder schwere Probleme und Verwerfungen ergeben.

Ähnlich grundlegende Bedeutung sollte die von Marx und Engels prognostizierte Differenzierung innerhalb der Bauernschaft erlangen, denn sie bildete die Basis für bündnistheoretische Überlegungen und definierte damit vermeintliche Partner und Gegner der Arbeiterklasse. Während die Kleinbauern durch den im Rahmen der ökonomischen Konzentrationsprozesse unvermeidlichen Verlust ihrer Betriebe zwangsläufig dem Proletariat zufallen würden, zielten die Inhaber größerer Höfe, die so genannten Großbauern, auf eine Maximierung ihrer Profite durch Lohnarbeit ab, gehörten also zur ausbeutenden Minderheit, die es zu bekämpfen gelte. Lediglich den Mittelbauern ordneten Marx und Engels eine ambivalente Rolle zu. Sie könnten sich in beide Richtungen entwickeln. In ihnen spiegele sich die Zwitterstellung des Bauern, wegen der den Landwirten ohnehin zu misstrauen sei, am deutlichsten wieder. Durch den Besitz an Produktionsmitteln, vor allem an Boden, seien sie Ausbeuter und Ausgebeutete zugleich, die es nach einer »proletarischen« Revolution zunächst zu neutralisieren gelte, um sie dann für die Sache der Arbeiterklasse zu gewinnen. Das finale Ziel bei der Umgestaltung der ländlichen Wirtschaftsstrukturen benannte zumindest Engels schon mit aller Deutlichkeit: »Der Gemeinbesitz der Produktionsmittel wird also hier als einzig zu erstrebendes Hauptziel aufgestellt.«[6] Dies bedeutete nicht weniger als die Forderung nach einer Abschaffung privatbäuerlicher Betriebe, unabhängig von ihrer Größe. Genossenschaftliches Eigentum und genossenschaftliche Produktion in der Definition

---

6 Friedrich Engels, Die Bauernfrage in Frankreich und Deutschland, in: Ders., Zur Bauernfrage, Berlin (Ost) 1971, S. 43–72, hier S. 54.

der kommunistischen Ideologie sollten die Bauern in neue, lichte Höhen führen.

Zu Beginn des 20. Jahrhunderts knüpfte Wladimir I. Lenin an derartige Forderungen an, dessen Kenntnisse der ländlichen Gesellschaft sich im Wesentlichen ebenfalls auf theoretische Studien beschränkten. In drei Punkten ging er jedoch deutlich über das vorliegende Modell hinaus. *Erstens* betonte er weit stärker als Marx und Engels die Notwendigkeit eines wechselseitigen Bündnisses zwischen Arbeitern und Bauern. Die Dorfbewohner könnten ihre Lage nur durch die Unterstützung der Arbeiterklasse bzw. ihrer Partei verbessern, während diese zur Sicherung der eigenen Herrschaft zwingend auf die Zusammenarbeit mit den landwirtschaftlichen Produzenten angewiesen seien. Doch nicht allen Bauern räumte Lenin die gleiche Bedeutung ein. Angelehnt an die Überlegungen von Marx und Engels teilte auch er sie in verschiedene Gruppen ein, und leitete daraus, *zweitens*, deren Schicksal nach der »proletarischen« Revolution ab. Während Landarbeiter und Kleinbauern als Verbündete der Arbeiterklasse galten und daher breite Unterstützung erfahren würden, müssten die Mittelbauern zunächst ökonomisch und politisch »neutralisiert« und die Großbauern »beim ersten Anzeichen von Widerstand [durch] einen entscheidenden, schonungslosen, vernichtenden Schlag«[7] überwältigt werden. Erst nach einem solchen Schlag würden die anderen Landwirte die neu installierte Staatsmacht akzeptieren.

Der erste Schritt der kommunistischen Agrarpolitik müsse jedoch die allgemeine, entschädigungslose Enteignung der Gutsherren und Großgrundbesitzer sowie ihre ausnahmslose Vertreibung oder Internierung sein. Das so erworbene Land müsse zumindest in Teilen an die Klein- und Mittelbauern verteilt, auf diese Weise die Bündnispolitik vorangetrieben und die Stellung der Großbauern in den Dörfern untergraben werden. Dass mit diesem Einsatz gegen die wirtschaftlich

---

7 Wladimir I. Lenin, Ursprünglicher Entwurf der Thesen zur Agrarfrage, in: Ders., Werke, Bd. 31, Berlin (Ost) 1974, S. 140–152, hier S. 146.

erfolgreichsten Bauern ein Absinken der Produktion einhergehen würde, wurde auch von Lenin erkannt und billigend in Kauf genommen. Wiederum lag hier die Überzeugung zugrunde, dass derartige Maßnahmen mit der Zeit über sich hinauswachsen und zu ökonomischen Erfolgen führen würden. Nicht die Steigerung der Erträge und die Sicherung der Ernährung sei zunächst das agrarpolitische Ziel der angestrebten Revolution, sondern die Transformation der ländlichen Wirtschafts- und Gesellschaftsstrukturen nach den Maximen der marxistisch-leninistischen Theorie.

Auch Lenin hegte wegen des Eigentums an Boden und sonstigen Produktionsmitteln ein allgemeines und tiefgehendes Misstrauen gegen die Bauern. Sie alle seien durch »Spekulation und Eigentümergewohnheiten korrumpiert«. Daher müsse die Arbeiterklasse, vor allem aber ihre Partei, *drittens*, umfassend erzieherisch auf die Landbevölkerung einwirken. Dies aber sei nur möglich, wenn der »Klassenkampf[...] ins Dorf hineingetragen« und so die »niedrige Kulturstufe« der ländlichen Gesellschaft überwunden werde. Die Entsendung von Industriearbeitern in die Dörfer war dazu ebenso vorgesehen wie die Bewaffnung des Landproletariats, um so die angestrebte Umgestaltung im Bedarfsfall auch mit massivem Druck und Gewalt realisieren zu können. Zwar müsse man aktiv die »Macht des Beispiels« nutzen, doch sollte dies nicht die gewünschten Ergebnisse erbringen, dürfe nicht gezögert werden, im anstehenden »schonungslosen Kampf« ohne Rücksicht Gewalt anzuwenden.[8] In diesem Punkt blieb Lenin unmissverständlich, und das sollte nicht zuletzt weit reichende Folgen für die Entwicklung der Landwirtschaft in der DDR haben. Die Bauern wurden mit derartigen Überlegungen endgültig zu einer gesichtslosen Masse degradiert, die von der Arbeiterklasse und ihrer vermeintlichen Avantgarde mit aller Konsequenz zum Bündnispartner geformt werden müsse, um so die Revolution überhaupt erst vollenden zu

8   Zitate ebd.

können. Dieser Anspruch sollte zu einem Grundsatz kommunistischer Agrarpolitik werden und in der Praxis umfassend zur Geltung kommen.

In Bezug auf die Frage, wohin die agrarpolitischen Bemühungen kommunistischer Parteien letztlich führen müssten, ließ Lenin keinerlei Zweifel aufkommen. Jegliche Bemühungen sollten dazu dienen, den stufenweisen Übergang zur kollektivierten Landwirtschaft vorzubereiten. Daher müsste nach der Etablierung einer »proletarischen« Staatsmacht, nach der Enteignung der Großgrundbesitzer, nach der Bekämpfung der Großbauern und nach der vorübergehenden Neutralisierung der Mittelbauern zwangsläufig der nächste, der entscheidende Schritt erfolgen: die Eingliederung aller landwirtschaftlicher Produzenten in sozialistische Produktionsgenossenschaften. In welchem Verhältnis Bodenreform und Kollektivierung dabei stehen sollten, formulierte Lenin selten so unmissverständlich wie im November des Jahres 1918, als er mit Blick auf die Landreform festhielt: »Wir wollten der Bauernschaft nicht den ihr fremden Gedanken aufzwingen, daß mit der ausgleichenden Verteilung des Bodens nichts erreicht werde. Wir waren der Ansicht, daß es besser ist, wenn die werktätigen Bauern selbst, am eigenen Leibe zu spüren bekommen, daß die ausgleichende Bodenverteilung Unsinn ist. […] Die Aufteilung war nur gut für den Anfang. Sie mußte zeigen, daß der Boden den Gutsbesitzern weggenommen wird, daß er an die Bauern übergeht. Der einzige Ausweg liegt in der gemeinschaftlichen Bodenbestellung.«[9] Damit lag für die agrarwirtschaftliche Entwicklung der Staaten unter sowjetischer Hegemonie ein Modell vor, dessen Wirkungsmacht kaum überschätzt werden kann. Der Weg zum sozialistischen Dorf war hier vorgezeichnet.

---

9   Wladimir I. Lenin, Rede an die Delegierten der Komitees der Dorfarmut des Moskauer Gebiets am 8. November 1918, in: Ders., Werke, Bd. 28, Berlin (Ost) 1975, S. 166–173, Zitat S. 170 f.

2.3 Modell Sowjetunion? Bodenreform und Kollektivierung in Ostmitteleuropa

In Russland selbst begann die kommunistische Agrarpolitik am 7. November 1917 (nach dem julianischen Kalender am 25. Oktober 1917). Unmittelbar nach dem bolschewistischen Umsturz legte Lenin dem Allrussischen Arbeiter- und Soldatendeputiertenrat einen Gesetzentwurf vor, der eine umfassende Bodenreform im gesamten Staat einleitete. Das »Dekret über den Boden« sah die entschädigungslose Enteignung allen Landbesitzes vor und schloss neben den privaten Eigentümern auch Kirchen und alle anderen Institutionen ein. Das konfiszierte Land, das in staatlichem Eigentum blieb, sollte an die Dorfsowjets übergeben und von diesen an jene verteilt werden, die es mit eigenen Händen bearbeiteten. Die Folge: »Das ganze agrarische Russland verwandelte sich gleichsam in eine Föderation bäuerlicher Selbstverwaltungsgemeinden, deren althergebrachte Rechtsauffassung, Sozialorganisation und Mentalität endlich gesetzliche Anerkennung fanden.«[10] Russland war im Vergleich zu den westeuropäischen Staaten ein Agrarland mit feudalen Strukturen und Lenin hatte erkannt, dass die »proletarische« Revolution nicht gegen die Masse der Bauern überleben würde. Daher zunächst die umfassenden Zugeständnisse an die mittellose Landbevölkerung, daher die Bereitschaft, vorläufig auf eine direkte Kontrolle der Dörfer zu verzichten.

Doch die daraus resultierende Ruhe war trügerisch, denn die Umverteilung des Bodens bedeutete nicht zugleich, dass sich die Landbevölkerung der Sache der Bolschewiki verschrieb. Man war mit der Reform durchaus zufrieden, schien sie doch eine jahrhundertelang gestörte Rechtsordnung wieder herzustellen. Daraus abgeleitete Ansprüche der neuen Machthaber lehnten die Bauern dagegen energisch ab und gingen auf Distanz zum noch jungen Regime. Diese Distanz war passiv, doch sie war entschlossen. Als zum Jahreswechsel

10 Manfred Hildermeier, Geschichte der Sowjetunion 1917–1991. Entstehung und Niedergang des ersten sozialistischen Staates, München 1998, S. 122. Vgl. dort auch zu den folgenden Ausführungen.

1917/18 der Bürgerkrieg zwischen Revolutionären und Gegenrevolutionären heraufzog, wahrten die Bauern überwiegend die Neutralität, gerieten dadurch aber zunehmend zwischen die Fronten. Bis 1920 sollte der Bürgerkrieg dauern, und er hatte verheerende Auswirkungen auf das Verhältnis zwischen dem Regime und den Bauern. Von allen beteiligten Seiten nicht geschont, hatte vor allem der so genannte Kriegskommunismus der Bolschewiki bittere Folgen für die Dörfer. Von Unterstützung aus dem Ausland abgeschnitten und in dem Versuch, das eigene Überleben zu sichern, requirierten die kommunistischen Machthaber (bzw. ihre Truppen) in den Dörfern ohne jede Rücksichtnahme Getreide und andere landwirtschaftliche Produkte, erhöhten willkürlich die Ablieferungsquoten, senkten die Abnahmepreise und schreckten dabei auch nicht vor Gewalt bis hin zu Mord zurück. Für die fragile Macht ging es im wahrsten Sinne des Wortes um Leben oder Tod, entsprechend kompromisslos fiel die Wahl der Mittel aus. Daraus resultierte eine nachhaltige Störung des Verhältnisses zwischen den neuen Machthabern und der Landbevölkerung. In den Dörfern hatte man gelernt, dass die Bolschewiki für die Durchsetzung ihrer Interessen keine Grenzen kannten, diese wiederum mussten erkennen, dass die Bauern keineswegs jene verlässlichen Bündnispartner waren, die man sich durch die Realisierung der Bodenreform erhofft hatte.

Aus dem Bürgerkrieg und den diktatorischen Eingriffen in die Ernährungswirtschaft resultierte in den Jahren 1921/22 eine Hungersnot, die mehrere Millionen Todesopfer forderte.

Das kommunistische Regime brauchte dringend eine Atempause, um unter diesen Bedingungen den eigenen Fortbestand zu gewährleisten, und lancierte daher die »Neue Ökonomische Politik«, die den Bauern wieder zahlreiche Freiheiten einräumte und zur Konsolidierung sowohl der agrarwirtschaftlichen Betriebe als auch der kommunistischen

Leichenberge wie dieser in Buzuluk (südlich des Urals), von Fridtjof Nansen im Dezember 1921 festgehalten, waren keine Ausnahme. Nansen war im Auftrag des Internationalen Roten Kreuzes in der UdSSR und dokumentierte die »Misere, schlimmer als in den dunkelsten Phantasien (9. 12. 1921)« in Bild und Film. Nach seiner Rückkehr gab er eine Postkartenserie heraus, die in Westeuropa auf die Hungersnot in der Sowjetunion hinweisen sollte.

Herrschaft beitrug. Doch schon 1928 war Schluss mit der Toleranz. In ihrer Position nachhaltig gefestigt, rief die Führung der Kommunistischen Partei der Sowjetunion in Übereinstimmung mit den marxistisch-leninistischen Theorien zum »großen Sprung« auf dem Lande auf: zur Kollektivierung der einzelbäuerlichen Betriebe. Als der erste Kollektivierungsschub zeigte, dass die Bauern in ihrer überwältigenden Mehrheit nicht bereit waren, den Kolchosen beizutreten, setzte ab Mai 1929 eine Zwangskollektivierung ein, die an Brutalität kaum zu übertreffen war. Grundlage der Kollektivierungspolitik wurde jetzt der von Lenin und Stalin geforderte Klassenkampf, der auf jede erdenkliche Art in die Dörfer getragen wurde. »Dabei stand den Bolschewiki nicht der Sinn nach der Bewältigung ökonomischer Krisen. Sie führten Krieg. Warum sonst hätten sie Bauern ihrer Freiheit berauben und in Kolchosen einschließen, mehrere Millionen Landbewohner töten und deportieren, Nomaden vertreiben und verhungern lassen? Denn obgleich die Kollektivierung Chaos und Anarchie über die Sowjetunion brachte, die Landwirtschaft in den Ruin trieb, eine Hungersnot apokalyptischen Ausmaßes auslöste und die Versorgung der Städte mit Lebensmitteln gefährdete, hielten Stalin und seine Kamarilla an ihrem Feldzug gegen das Dorf unbeirrt fest.«[11] Die staatliche Willkür nahm bisher unbekannte Ausmaße an. Bodenbesitzende »Kulaken« – und zu dieser von den Kommunisten definierten Gruppe konnte nun jeder Bauer gehören, der über private Flächen verfügte – sollten als Klasse »liquidiert« werden, Erschießungslisten wurden zum Mittel der Tagespolitik, und Flugzeuge überzogen widerständige Dörfer mit Giften.

Im Herbst des Jahres 1931 beendete Moskau die Kampagne und erklärte das Kollektivierungsziel für erreicht, obwohl nur etwa zwei Drittel der Privatbetriebe in Kolchosen aufgegangen waren. Zu offensichtlich waren die beständig wachsenden Probleme, und eine verheerende Hungerkatastrophe war die Folge. Die überstürzt eingerichteten Gemeinwirtschaften waren nicht in der Lage, die bisherigen Flächenerträge zu erbringen, Arbeitskräfte fehlten, oftmals waren die ökonomisch erfolgreichsten Bauern dem staatlich verordneten Terror zum Opfer gefallen, und die rigorose Zwangserfassung landwirtschaftlicher Produkte während der letzten Jahre schwächte die Produktion ebenso umfassend wie nachhaltig. Eine Hungerkatastrophe war die Folge, und sie forderte landesweit etwa sieben Millionen Tote.[12]

11 Jörg Baberowski, Der rote Terror. Die Geschichte des Stalinismus, München 2003, S. 122 f.
12 Allg. zur Zwangskollektivierung: Hildermeier, Geschichte der Sowjetunion, S. 377–401. Eindringliche Schilderung des Terrors in: Robert Conquest, Ernte des Todes. Stalins Holocaust in der Ukraine 1929–1933, München 1988 und Vernichtung durch Hunger. Der Holodomor in der Ukraine und der UdSSR, Berlin 2004. Allerdings ist zu beachten, dass die bei Conquest genannten Opfer-Zahlen nach heutigem Forschungsstand zu hoch liegen.

Bauern liefern ihr Getreide im offiziellen Annahmepunkt in Kargalyk im Kiewer Gebiet ab (1932). Die Bauern waren gezwungen, den größten Teil ihrer Ernte abzuliefern, eine Weigerung hatte drakonische Strafen zur Folge.

Trotz der entsetzlichen Folgen der Kollektivierung gelang es dem politischen System, sich weiter zu konsolidieren. Neben dem offenen Terror trugen dazu wesentlich die Fortschritte beim Ausbau der Schlüsselindustrien bei, der nicht zuletzt mit Hilfe der ausgepressten Landwirtschaft vorangetrieben wurde. Über den Umfang des Aufschwungs wird gestritten, Verbesserungen sind insgesamt nicht zu übersehen. Zudem ging die kommunistische Partei nach einer Atempause wieder auf die Bauern zu und erlaubte diesen ab 1935 einen geringen privaten Besitz (etwa eine Kuh), was die Lage in den Dörfern schlagartig verbesserte. Und nicht zuletzt: Stalins endgültiger Aufstieg zum Diktator war untrennbar mit den Jahren der

Kollektivierung verbunden. Er hatte aktiv daran Teil gehabt, neben der marxistisch-leninistischen Theorie nun also auch ein praktisch erprobtes Modell im Kopf, das die eigene Herrschaft zu sichern schien. Daran sollte er sich erinnern, als es in Folge des Zweiten Weltkrieges darum ging, den kommunistischen Machtbereich in Europa auszubauen.

Doch bedeutet das auch zwangsläufig, dass es nur dieses eine Modell gab, das ab 1944 ohne jegliche Rücksichtnahmen auf die Staaten unter sowjetischer Hegemonie übertragen wurde? Hier sind zunächst Zweifel angebracht, denn trotz aller Gemeinsamkeiten zeigen sich bei einer genaueren Analyse sehr schnell nationale Besonderheiten. Die Enteignungsgrenzen bei der Bodenreform variierten ebenso wie der endgültige Grad der Kollektivierung. In den betroffenen Staaten gab es deutlich unterschiedliche Repressionsmaßnahmen, die Abfolge der Ereignisse zeigt auffällige Differenzen und verschiedene Typen von Produktionsgenossenschaften wurden definiert bzw. durchgesetzt. In Bulgarien wurde sogar erst kollektiviert, bevor die dortigen Kommunisten die Bodenreform in Angriff nahmen.

Gleichwohl wurde in allen Staaten, die nach dem Zweiten Weltkrieg unter sowjetische Besatzung gerieten, der Versuch unternommen, Bodenreform und Kollektivierung entsprechend der Vorgaben der marxistisch-leninistischen Ideologie durchzusetzen. Das kann kaum überraschen, denn überall ging es darum, die Macht der jeweiligen kommunistischen Partei durchzusetzen, und die Bauern wurden dafür allerorts als unerlässliche Bündnispartner betrachtet. Sozialismus in den Dörfern galt als unabdingbare Voraussetzung für den eigenen Erfolg. Leider fehlen bis heute vergleichende Studien zum Thema, doch mindestens drei Fälle sind gut dokumentiert: Polen, Ungarn und die Tschechoslowakei.[13] Sie verdeutlichen zugleich Gemeinsamkeiten und Unterschiede der untersuchten Prozesse.

---

13 Vgl. ausführlich: Arnd Bauerkämper, Ländliche Gesellschaft in der kommunistischen Diktatur. Zwangsmodernisierung und Tradition in Brandenburg 1945–1963, Köln u. a. 2002, S. 209–221.

Polen darf (neben Jugoslawien) als größte Ausnahme von der Regel gelten. Hier hatte es schon in den 1920er Jahren Ansätze zu einer bürgerlich definierten Bodenreform gegeben. In Verbindung mit der langsamen Industrialisierung des Landes stärkte dies die kleinbäuerlichen Strukturen. Bereits in der zweiten Hälfte des Jahres 1944 kam es auf Anweisung aus Moskau zu einer neuerlichen Bodenreform, dieses Mal entsprechend den Vorstellungen der Besatzungsmacht. Landwirtschaftliche Betriebe mit einer Gesamtfläche von 100 Hektar bzw. einer Nutzfläche von 50 Hektar wurden entschädigungslos enteignet, das Land in Staatsbesitz überführt und in Landarme und Landlose verteilt. Zudem wurden die konfiszierten Flächen insbesondere in Westpolen genutzt, um großräumige Staatsbetriebe zu schaffen, die Mitte der 1950er Jahre fast ein Drittel der gesamten Nutzfläche bewirtschafteten. Nachdem es bereits zuvor erste Angriffe auf vermeintliche »Kulaken« gegeben hatte, verkündete die Vereinigte Polnische Arbeiterpartei im Juli 1948 die Kollektivierung, widmete sich dieser mit allem Nachdruck, stieß jedoch von Anbeginn auf entschlossenen Widerstand in den Dörfern, der nicht zuletzt von der katholischen Kirche unterstützt wurde. Immerhin gelang es bis zum Jahr 1955, fast 10 000 Kollektivbetriebe zu gründen, doch erfassten diese weniger als zehn Prozent der bisherigen Einzelbauern. Als 1956 wie überall im Ostblock eine vorsichtige Entstalinisierung einsetzte und eine massive Versorgungskrise zu Unruhen führte, entschloss sich die neue politische Führung des Landes zu einer Rückwärtsrolle: Die Zwangskollektivierung wurde abgebrochen, bestehende Produktionsgenossenschaften (von denen es zunächst vier, später nur noch drei Typen gegeben hatte) konnten ohne Gefahr von Repressionen aufgelöst werden und das genossenschaftliche Organisationswesen orientierte sich insgesamt wieder mehr an den traditionellen, vorkommunistischen Modellen. Die Stagnation der Kollektivierung wurde politisch in Kauf

genommen und so die kleinbäuerlichen Strukturen festgeschrieben.

Zwischenzeitlich sah es so aus, als würde die Kollektivierung auch in *Ungarn* abgebrochen werden, doch das unmittelbare Eingreifen sowjetischer Truppen setzte derartigen Überlegungen ein Ende. Auch hier hatte es schon in den 1920er
Jahren Ansätze zu einer Bodenreform gegeben, im März 1945
setzte dann die Ungarische Kommunistische Partei dazu an,
ihre während der Kriegszeit in Moskau gewonnenen Vorstellungen umzusetzen. Wie überall sollte damit die Etablierung
der »proletarischen« Staatsmacht befördert werden. Hierbei
waren die Enteignungsgrenzen großzügiger bemessen als
andernorts: Alle Wirtschaften mit mehr als 570 Hektar sollten
entschädigungslos, alle Wirtschaften ab 57 Hektar mit Entschädigung konfisziert werden. Allerdings wurden die Entschädigungen letztlich nur im Ausnahmefall gezahlt. 650 000
Personen wurden durch die Reform begünstigt, doch gelang
wegen der schlechten Ausstattung und der geringen Größe
von durchschnittlich 2,9 Hektar nur den wenigsten Neubau-
ernbetrieben die wirtschaftliche Konsolidierung. Ab 1949
folgte die »Sozialistische Reorganisation der Landwirtschaft«,
die Kollektivierung. Damit sollten bestehende Probleme
beseitigt, der Aufbau der Schlüsselindustrien unterstützt und
auf diesem Wege die Macht der Partei weiter gefestigt werden.
Doch die drei Typen von Produktionsgenossenschaften stießen auf Widerstand, und die Produktivität der bestehenden
Gemeinwirtschaften blieb weit hinter der der Einzelbauern
zurück. Nach Stalins Tod im März 1953 wurde daher wieder
die Möglichkeit eines Austritts gewährt, die Genossenschaften
konnten ganz aufgelöst werden, und die Repressionen gegen
die Großbauern wurden eingeschränkt. Im Zusammenhang
mit dem Volksaufstand des Jahres 1956 kam es zu weiteren
massiven Auflösungserscheinungen, und ein Ende der Kollektivierung schien nur eine Frage der Zeit. Doch mit dem

Eingreifen der sowjetischen Truppen im Oktober desselben Jahres wendete sich das Blatt. Die Folge war ein zweiter Kollektivierungsschub, der die gewünschten Erfolge vor allem mit Hilfe materieller Anreize erbringen sollte. Als sich dieser Weg als Fehlschlag erwies, kam es zu einem dritten Schub, der nun mit Zwang vollendete, was bisher gescheitert war. Nach seinem Abschluss im Jahr 1961 bewirtschafteten die Einzelbauern nur noch marginale Restflächen, Produktionsgenossenschaften und Staatsbetriebe verfügten hingegen über insgesamt 95,6 Prozent des gesamten Ackerlandes.[14]

In der *Tschechoslowakei* hatten bereits 1945 einschneidende Umverteilungen von Land stattgefunden, insbesondere in den vormals von Deutschen besiedelten Gebieten. Durch gesetzliche Regelungen wurden diese Umverteilungen in den zwei folgenden Jahren ausgeweitet, die Enteignungen betrafen letztlich alle Betriebe ab 50 Hektar sowie jene, die nicht von ihren Eigentümern bewirtschaftet wurden. Da sich die Durchsetzung des kommunistischen Regimes in der Tschechoslowakei weitaus schwieriger gestaltete als in anderen Ländern, begann die entsprechende Agrarpolitik jedoch erst im Jahr 1948. Die Bodenreform wurde zunächst fortgesetzt, zugleich aber der Druck auf die Bauern erhöht, den neu zu schaffenden Produktionsgenossenschaften beizutreten. Im April 1949 erließ die Regierung zunächst Statuten für eine Einheitsgenossenschaft, die ein Jahr später in vier Typen ausdifferenziert wurde. Der Druck zu einem Beitritt erhöhte sich zunächst allmählich, ab 1952 wurde daraus unter dem Vorzeichen der aus Moskau forcierten Sozialismus-Losung massiver Zwang. Schauprozesse gegen »Kulaken« gehörten dazu ebenso wie staatliche Willkür und Terrormaßnahmen des Geheimdienstes. Nach Stalins Tod im Jahr 1953 kurzzeitig unterbrochen, setzten ab 1956 wieder verstärkte Kollektivierungsbemühungen ein, die jedoch nicht die erhofften Ergebnisse erzielten. Die Folge war ein finaler Kollektivie-

---

14 Zsuzsanna Varga, Agrarian Development from 1945 to the Present Day, in: János Estók u. a., History of Hungarian Agriculture and Rural Life 1848–2004, Budapest 2004, S. 221–294.

rungsschub ab dem Jahr 1958, der mit ähnlicher Härte wie in der DDR umgesetzt wurde und den genossenschaftlichen bzw. staatlichen Sektor in der Landwirtschaft auf nahezu 90 Prozent der Nutzfläche ausdehnte. Daran sollte sich etwa 30 Jahre lang nichts mehr ändern.

Die Beispiele haben gezeigt, dass man in Bezug auf die kommunistische Agrarpolitik so lange nicht von einer »Sowjetisierung«[15] der besetzten Länder sprechen kann, wie man darunter die vollständige Übertragung des sowjetischen Modells auf die Satellitenstaaten versteht. Nationale Besonderheiten fanden durchaus ihre Berücksichtigung, und in allen beschriebenen Fällen blieben die Bauern (im Gegensatz zur Sowjetunion) nach der Kollektivierung juristisch Eigentümer ihres Landes, auch wenn sie die Verfügungsgewalt darüber gänzlich verloren. Das Zugeständnis privater Restflächen verschiedener Größe, der durchaus unterschiedliche Umgang mit den Großbauern und manches mehr verdeutlichen, dass es wahrnehmbare Abweichungen vom Modell gab. Doch diese Differenzen waren genau das, nicht mehr: Abweichungen. Einer ungebrochenen Übertragung des eigenen Modells standen nicht nur praktische Schwierigkeiten im Weg, sie kann von den sowjetischen Entscheidungsträgern auch kaum gewollt gewesen sein. Was letztlich zählte, war die Übernahme der Staatsmacht durch die von Moskau platzierten Parteien, dazu war ein »Bündnis« mit den Bauern zu realisieren und der Sozialismus in den Dörfern schrittweise zu etablieren. Die kommunistische Bewegung hatte sich spätestens seit 1917 flexibel genug gezeigt, immer dann taktische Zugeständnisse zu machen, wenn das den eigenen Zielstellungen mittel- oder langfristig entgegenkam. Insofern darf die Frage nicht lauten, ob das sowjetische Modell Vorbild für die Entwicklung in den abhängigen Staaten war, sondern in welchem Umfang dies zutraf. Als Leitmodell fungierte es für die kommunistischen Parteien ohnehin überall, und die

---

15 Zu den Einzelheiten des Begriffs: Michael Lemke (Hrsg.), Sowjetisierung und Eigenständigkeit in der SBZ/DDR (1945–1953), Köln u.a. 1999.

marxistisch-leninistische Ideologie bildete nahezu uneingeschränkt die theoretische Grundlage der Transformationsprozesse. Daher waren die internen wie externen Spielräume in
allen abhängigen Ländern von Anbeginn begrenzt, obgleich
sich mitunter die eine oder andere Freiheit bot. Und in
diesem Sinne ist es durchaus legitim, von einer »Sowjetisierung« zu sprechen. Zu prüfen bleibt, inwiefern dies auf die
SBZ und die DDR zutraf.

3 Die Bodenreform (1945–1948)

3.1 Vorbereitungen und Ausgangslage

In Moskau bestand kein Zweifel daran, dass es nach dem Ende des Zweiten Weltkrieges in den besetzten Gebieten Deutschlands eine Bodenreform geben würde. Grundlegend waren sich auch die West-Alliierten darüber einig, dass ein solcher Schritt anzustreben sei, ohne jedoch allzu konkrete Konzepte zu entwickeln. Man gelangte daher lediglich zu der Übereinkunft, dass jede Besatzungsmacht in ihrem Territorium für ein solches Unterfangen allein verantwortlich sein würde.

Erste Planungen bezüglich einer Reform unter sowjetischer Hegemonie entstanden schon früh. Bereits 1942 brachte der deutsche Kommunist Edwin Hoernle im russischen Exil seine Vorstellungen zu Papier.[16] Hoernle, der seit den 1920er Jahren federführend an den agrarpolitischen Programmen der KPD mitarbeitete, darf als einziges Mitglied der erweiterten Parteispitze als ausgewiesener Agrarexperte gelten. Er kannte die landwirtschaftlichen Spezifika Deutschlands und sollte nach dem Krieg wichtige Funktionen übernehmen. Zwar gelang es ihm nie, in die erste Führungsriege der Partei aufzusteigen, doch hatten seine Ideen bis zum Anfang der 1950er Jahre einiges Gewicht. Das galt insbesondere für die Nachkriegsplanungen.

Hoernles erste Entwürfe unter dem Titel »Bauernhilfe im befreiten Deutschland. Von Sofortmaßnahmen« entstanden schon vor der Schlacht von Stalingrad, zu einem Zeitpunkt, da der Sieg der sowjetischen Truppen und die weitere Entwicklung in Deutschland noch keineswegs absehbar waren. Entsprechend offen waren die Vorstellungen formuliert, berücksichtigten zwar die Grundsätze des Marxismus-Leninismus, wiesen darüber hinaus aber einen hohen Grad an Pragmatismus auf. In jedem Fall sollte eine Bodenreform stattfinden, und die KPD müsste sich in diesem Zusammen-

---

16 Andreas Dix, »Freies Land«. Siedlungsplanung im ländlichen Raum der SBZ und frühen DDR 1945 bis 1955, Köln u. a. 2002, S. 107–110, 431–433. Dort ausführliche Angaben zu den Planungen und zu Hoernle.

hang für sehr umfängliche Enteignungen stark machen. Wie von der Theorie vorgesehen und in Russland ab 1917 praktiziert, sollte alles Land konfisziert werden, das von seinem Eigentümer nicht überwiegend mit eigener Hand, sondern vor allem mit Hilfe von Lohnarbeit bewirtschaftet wird. Ein staatlicher Bodenfonds müsste geschaffen werden, aus dem wiederum die Neuverteilung organisiert werden sollte. Dabei hatte Hoernle sehr unterschiedliche Betriebsformen im Blick, nicht nur kleine Neubauernhöfe, sondern auch staatliche und kommunale Mustergüter, bäuerliche Genossenschaften und voll funktionsfähige Einzelbauernwirtschaften. Vehement wies Hoernle auf die Notwendigkeit hin, gerade kleinen und mittleren Betrieben umfassende staatliche Unterstützung zu gewähren, da diese ansonsten kaum überleben könnten. In diesem Zusammenhang regte er die Errichtung von Maschinenhöfen und anderen genossenschaftsähnlichen Institutionen an, die die Arbeit dieser Betriebe effektiv unterstützen sollten. Der Staat müsse in enger Beziehung zu den Bauern stehen, diesen aber zugleich ein hohes Maß an Selbstbestimmung gewähren. Gerade diese auf Eigeninitiative abzielenden Überlegungen sollten sich in den kommenden Programmen der KPD immer weniger finden.

Als die Niederlage Deutschlands endgültig absehbar war, intensivierten die Alliierten ihre Bemühungen, hinsichtlich des besiegten Landes zu konkreten Planungen zu gelangen. Ende des Jahres 1943 wurden dafür in Teheran erste Grundsätze festgelegt, die im Januar 1945 in Jalta weitere Ausdifferenzierungen erfuhren. Die Aufteilung Deutschlands in Besatzungszonen wurde hier konkretisiert und die Entscheidungshoheit der jeweiligen Siegermacht in dem von ihr besetzten Territorium endgültig bestätigt. In Moskau hatte sich schon zuvor, im Februar 1944, auf Geheiß der sowjetischen KP-Führung eine Arbeitsgruppe des Zentralkomitees (ZK) der KPD konstituiert, der es oblag, Pläne für die politische, ökonomische und gesellschaftliche Neuordnung Deutschlands zu entwerfen. Ein zentraler Punkt war dabei die »Bauern- und Agrarfrage«, die wiederum unter Federführung von Edwin Hoernle bearbeitet wurde und im »Agrarprogramm des Blocks der kämpferischen Demokratie« gipfelte, das fortan als Richtschnur für die Parteikader diente. Ausgehend von den Besonderheiten der deutschen Landwirtschaft wurden darin drei Hauptziele der kommenden, der kommunistischen Agrarpolitik definiert: die Tilgung des NS-Erbes auf dem Lande, die Sicherung der Ernährung der gesamten Bevölkerung (inklusive der zu erwartenden Flüchtlinge) und die Schaffung eines engen Bündnisses zwischen der Arbeiterklasse und den »werktätigen« Bauern. Als grundlegende Vorbedingung für die Realisierung dieser Ziele definierte Hoernle abermals die Notwendigkeit einer umfassenden Landreform, deren Einzelheiten jedoch auffallend im Unklaren blieben. Weder die Frage, wie groß die zu enteignenden Betriebe sein müssten noch wie mit dem konfiszierten Boden konkret zu verfahren sei, wurde abschließend beantwortet; verschiedene Größenangaben wurden in der weiteren Diskussion des Programms ebenso genannt wie die wechselnde Aussicht auf genossenschaftliche oder privatbäuerliche Produktionsweisen.[17]

Verstärkt wurden derartige Unschärfen durch den Umstand, dass es die Parteiführung zwar für unerlässlich hielt, die ländliche Bevölkerung zum Zwecke der eigenen Machtübernahme zu mobilisieren, jedoch immer wieder eingestehen musste, dass das dafür notwendige Wissen nur rudimentär entwickelt sei. Schon Lenin hatte mehr als zwei Jahrzehnte zuvor festgestellt, dass »die meisten Genossen, die mit großem Eifer« zum Einsatz kamen, »sich der Landwirtschaft zuwandten, ohne die wirtschaftlichen Verhältnisse des bäuerlichen Lebens genügend zu kennen«[18]. Jetzt standen auch die deutschen Kommunisten vor diesem grundlegenden Problem. Doch fehlendes

17 Ebd., S. 110–117; Bauerkämper, Ländliche Gesellschaft, S. 62–67.
18 Wladimir I. Lenin, Rede auf der I. Gesamtrussischen Konferenz über die Parteiarbeit auf dem Lande, 18. November 1919, in: Ders., Werke, Bd. 30, Berlin (Ost) 1974, S. 128–135, hier S. 132.

Wissen wurde durch klassenkämpferisches Gehabe ersetzt, die Praxis durch die theoretische Brille beurteilt. Daher rückte auch die Idee einer genossenschaftlichen Bewirtschaftung der enteigneten Flächen, die in Hoernles Überlegungen von 1942 ja noch eine Rolle gespielt hatte, endgültig in den Hintergrund. Entsprechend der bündnistheoretischen Überlegungen aus Sicht der kommunistischen Klassenideologie sollte der konfiszierte Boden in kleinflächigen Parzellen an landlose und landarme Bewerber verteilt werden, da nur so die Macht der Partei in den Dörfern gesichert werden könne. Ökonomisch hatte schon Lenin ein solches Vorgehen als »Unsinn« bezeichnet und auch Hoernle warnte in Moskau noch einmal eindringlich davor, da derartige Betriebe gerade unter den harten Nachkriegsbedingungen nur eine geringe Überlebenschance haben würden.[19] Doch der einzige Agrarexperte der Parteispitze fand damit kein Gehör; nicht ökonomische, sondern machtpolitische Überlegungen standen fortan im Mittelpunkt.

Und so sah das Aktionsprogramm der KPD-Führung schließlich die rücksichtslose Enteignung des Großgrundbesitzes sowie die Schaffung eines staatlichen Bodenfonds von mindestens 10 Millionen Hektar vor, dessen Land nach der Verteilung individuell bewirtschaftet werden sollte. Denn: »... ohne daß wir den Bauern etwas geben werden, werden wir sie niemals bekommen.«[20] Zugleich aber forderte die Parteielite ausdrücklich das Recht ein, das verteilte Land wieder enteignen zu können, »falls die Erwerber ihren staatspolitischen

19 Die Agrarpolitik des Blocks der kämpferischen Demokratie. Maschinenschriftliche Ausarbeitung von Edwin Hoernle für die Abendschule der KPD-Kader in Moskau, am 4. Februar 1945 vorgetragen, in: Peter Erler/Horst Laude/Manfred Wilke (Hrsg.), »Nach Hitler kommen wir«. Dokumente zur Programmatik der Moskauer KPD-Führung 1944/45 für Nachkriegsdeutschland, Berlin 1994, S. 311–326, hier S. 313.
20 Lage und Aufgaben im Land bis zum Sturz Hitlers. Maschinenschriftliche Disposition Wilhelm Florins für das Auftaktreferat vor der Arbeitskommission, o. D., in: Ebd., S. 135–158, hier S. 156.

Pflichten als demokratische Bürger zuwiderhandeln.«[21] Die Idee eines solchen Eigentumsvorbehalts, mit dem ein unmittelbares Zugriffsrecht auf weite Teile des Bodens sichergestellt werden sollte, erlangte spätestens ab 1948 zentrale Bedeutung, als die SED daran ging, die ländliche Gesellschaft mit Hilfe des »verschärften Klassenkampfes« entsprechend ihren Vorstellungen zu transformieren. Die Grundlagen dafür wurden bereits 1944 in Moskau gelegt.

Insgesamt konnte von klaren agrarpolitischen Konzeptionen der KPD-Führung am Ende des Krieges kaum die Rede sein. Neben allgemeinen Absichtserklärungen wie der Einführung bzw. Weiterführung eines Systems von Festpreisen und Pflichtablieferungen war allein der unbedingte Wille zur Durchführung der Bodenreform deutlich geworden, über deren Einzelheiten aber nach wie vor Unklarheit herrschte. Selbst der angestrebte Zeitrahmen blieb offen. In der Erwartung, dass der Sieg der sowjetischen Truppen bereits in der ersten Hälfte des kommenden Jahres vollbracht sein würde, warnte Hoernle in Moskau vor überstürzten Aktionen. Einer der Anwesenden, Wolfgang Leonhard, erinnerte sich später an die Mahnung des Experten: Die Reform »könne frühestens im Jahr 1946 realisiert werden. Im bevorstehenden Sommer, also 1945, dürfen wir keine strukturellen Veränderungen in der Landwirtschaft durchführen, weil das die Versorgung der Bevölkerung gefährden würde. Im Sommer 1945 gäbe es nur eine vordringliche Aufgabe: die Einbringung der Ernte.«[22] Es sollte anders kommen.

Die KPD-Führung entschied sich in Moskau also für die Formulierung eines Minimalprogramms, dessen Einzelheiten unklar blieben. Weder war darin die Etablierung einer Planwirtschaft vorgesehen noch wurde eine sonstige »Sowjetisierung« des eigenen Machtbereiches angekündigt.

21 Aktionsprogramm des Blocks der kämpferischen Demokratie. Abschrift des Entwurfs von Anton Ackermann von Ende 1944, in: Ebd., S. 290–303, hier S. 296.
22 Die Bodenreform in der SBZ nach sechzig Jahren. Wolfgang Leonhard im Gespräch mit Jens Schöne, in: Deutschland Archiv 38 (2005), S. 813–820, hier S. 814.

Im Kanon der kommunistischen Agrarpolitik galt letztlich ohnehin nur der sozialistische Großbetrieb als überlebensfähiges Modell, doch dafür war die Zeit noch nicht reif. Unter den Bedingungen der Nachkriegszeit würde an eine Durchsetzung der Maximalforderungen nicht zu denken sein. Zudem schien die Verteilung des Landes an bisher unterprivilegierte Schichten die Schaffung zuverlässiger Bündnispartner zu versprechen und die Entmachtung der Großgrundbesitzer, der »Junker«, eine Abkehr von der unmittelbaren Vergangenheit mit ihren ungerechtfertigten Herrschaftsansprüchen zu signalisieren. Deshalb konnte es naturgemäß zunächst nur darum gehen, die machtpolitischen Mindestanforderungen zu verwirklichen, und auch diese hatte die Parteiführung bereits in Moskau formuliert: »Taktik: In der Periode gegen den Faschismus und in der Periode der Aufrichtung einer neuen Demokratie stellt die Partei die Anstrebung der Verwirklichung ihrer Endziele zurück und sieht in dem Kampf gegen den Hitlerkrieg und der Mitwirkung der Aufrichtung einer neuen Demokratie, der Vernichtung der deutschen Reaktion, die Schaffung der Voraussetzungen für die Propagierung ihres Endziels.« [23]

In der sowjetischen Hauptstadt des Jahres 1944 konnte noch niemand mit Bestimmtheit sagen, wie sich Deutschland in den folgenden Jahren entwickeln würde. Grundlegende Fragen waren zwischen den Alliierten geklärt, doch es musste sich erst noch erweisen, ob und wie diese Übereinkünfte in der Praxis funktionieren würden. Die Zukunft war offen wie selten zuvor. Die Führungsspitze der KPD, die sich ohnehin in Einklang mit ihrem sowjetischen Pendant wusste, hatte dieses Problem sehr wohl erkannt und hielt sich daher zunächst zurück. Diese Entscheidung bedeutete jedoch nicht, dass sie ihre eigentlichen Ziele aus den Augen verlor.

---

23 Strategie und Taktik der Machtübernahme. Stenographische Notizen Sepp Schwabs für einen Diskussionsbeitrag zum Referat Walter Ulbrichts vor der Arbeitskommission, auf der Sitzung am 24. April 1944 vorgetragen, in: Erler/Laude/Wilke, »Nach Hitler kommen wir«, S. 167–170, hier S. 169.

3.2 1945: Sommer der Entscheidungen

Mit der festen Absicht, in der sowjetischen Besatzungszone letztlich eine »proletarische« Staatsmacht zu etablieren, kehrten die in Moskau geschulten Spitzenkader der KPD Ende April, Anfang Mai 1945 nach Deutschland zurück. Doch zunächst ließ sich ein solcher Anspruch praktisch nicht realisieren. Grund dafür war vor allem die Besatzungsmacht selbst, die ihre eigenen Interessen verfolgte. Der harte, erbarmungslose Krieg hatte die Sowjetunion ausgezehrt, sie benötigte dringend Reparationsleistungen. Und da sich diese im Rahmen einer gesamtdeutschen Lösung weitaus besser bewerkstelligen ließen, Stalin dabei vor allem auf das Ruhrgebiet spekulierte, mussten vorerst jegliche Handlungen unterbleiben, die allzu offen auf eine weitergehende Abgrenzung zwischen den einzelnen Besatzungszonen abzielten.

Als die KPD am 11. Juni 1945 als erste deutsche Partei ihren Gründungsaufruf veröffentlichte, blieb sie daher bei jener Taktik, die sie bereits in Moskau festgelegt hatte. Sie betonte, dass es falsch sei, Deutschland ein Regime nach sowjetischem Vorbild aufzuzwingen, vielmehr müsse es jetzt darum gehen, die Folgen der nationalsozialistischen Diktatur zu beseitigen und ihre Wiederkehr ein für alle Mal zu verhindern. Kaum überraschen konnte in diesem Zusammenhang die Forderung, alle »Junker« zu enteignen, da sie gemäß der marxistisch-leninistischen Theorie als wesentlicher Träger des faschistischen Staates galten. Nur wenige Tage zuvor hatte Stalin in einem Spitzengespräch mit den deutschen Kommunisten energisch gefordert, die »Macht der Rittergutsbesitzer [zu] brechen«[24], und damit Moskaus Forderungen nach einer umfassenden Bodenreform bekräftigt. Hatte es zuvor offensichtlich eine kurze Phase der Unentschlossenheit gegeben, war diese jetzt endgültig vorbei. Man schritt zur Tat. Die »Liquidierung des Großgrundbesitzes, der großen Güter der Junker, Grafen und Fürsten und Übergabe ihres ganzen Grund und Bodens sowie des lebenden und

---

24 Beratung am 4. 6. 1945 um 6 Uhr bei Stalin, Molotow und Shdanow, in: Rolf Badstübner/Wilfried Loth (Hrsg.), Wilhelm Pieck – Aufzeichnungen zur Deutschlandpolitik 1945–1953, Berlin 1994, S. 50–52, hier S. 51.

des toten Inventars an die Provinzial- und Landesverwaltungen zur Zuteilung an die durch den Krieg ruinierten und besitzlos gewordenen Bauern«[25] wurde so auch öffentlich zu einer Grundforderung der KPD, die zugleich das Recht auf Privateigentum an Produktionsmitteln bekräftigte und erklärte, den Besitz der Großbauern ebenfalls nicht angreifen zu wollen.

Mit dem Aufruf war die bereits 1944 in Moskau gewachsene Hoffnung verbunden, dass es in den Dörfern zu spontanen Enteignungen kommen würde, landlose und landarme Dorfbewohner die ihnen vorgesehene Funktion innerhalb des Klassenkampfes erfüllen und die Großgrundbesitzer durch selbstbestimmtes Handeln enteignen sowie vertreiben würden. Doch nichts geschah. Die Gründe dafür waren vielfältig, reichten von purer Angst über enge soziale Bindungen innerhalb der traditionellen Dorfstrukturen bis hin zu mangelnder Bereitschaft, sich für den Klassenkampf der kommunistischen Partei einspannen zu lassen. Wieder einmal zeigte sich das Leben sehr viel komplizierter, als es die marxistisch-leninistische Ideologie vorsah. Das sollte sich gerade im Bereich der Agrarpolitik in den kommenden Jahren noch sehr oft wiederholen.

Da eine Massenbewegung von unten ausblieb, erwuchs immer stärker die Notwendigkeit, die Bodenreform auf administrativem Wege, von oben, voranzutreiben. Dies galt umso mehr, als auf Inspektionsreisen durch verschiedene Dörfer Anfang Juli sowohl der sowjetischen Besatzungsmacht als auch den deutschen Kommunisten immer klarer wurde, dass ihre diesbezüglichen Hoffnungen reine Illusion waren. Zwar sprachen sich die Kleinbauern in den Gemeinden durchaus für eine Vergrößerung ihrer Parzellen aus, doch daraus folgten keineswegs Maßnahmen, die auf eine Enteignung der großen Güter abzielten. Im Gegenteil, die Bauern zeigten sich »ziemlich verängstigt« und monierten vor allem das Fehlen rechtlicher Grundlagen für die gewünschte, zwangsläufig gewaltsame Eigentumsverschiebung. Wolfgang Leonhard, der

25 Aufruf des ZK der KPD vom 11. Juni 1945, in: Zur ökonomischen Politik der SED und der Regierung der DDR, 11. Juni 1945 bis 21. Juli 1955, Berlin (Ost) 1955, S. 7–16, hier S. 14.

gemeinsam mit Walter Ulbricht und hochrangigen sowjetischen Funktionären an einer dieser Inspektionsreisen teilnahm, erinnert sich noch heute an die allgemeine Zurückhaltung: »Das ist mir unvergesslich, denn es war nicht ganz so, wie ich mir die begeisterte Zustimmung der deutschen Bauernschaft zur Bodenreform vorgestellt hatte. Aber sie hatten zumindest – wenn auch etwas zögerlich – ihr Einverständnis erklärt. Darauf verabschiedete sich Ulbricht. Ich dachte, wir würden noch ein bisschen bleiben und diskutieren, doch dem war nicht so. Als idealistischer Optimist, der ich war, ging ich davon aus, dass wir wohl noch drei oder vier Mal zu Gesprächen mit Bauern halten würden, aber das war auch eine Fehlannahme. Das kurze Gespräch mit höchstens zwölf Bauern genügte Ulbricht, um die Stimmung in der bäuerlichen Bevölkerung zu erkennen.«[26]

Ähnlich erging es den sowjetischen Teilnehmern der Inspektionsreisen. Auch sie gelangten offensichtlich zu dem Schluss, dass sich die Bodenreform unter den gegebenen Umständen nur mit Hilfe von Gesetzen oder Verordnungen verwirklichen ließ. Hinter den Kulissen begannen daraufhin hektische Aktivitäten. Ihre Stellung als hegemoniale Entscheidungsgewalt ausfüllend, übernahm nun die Sowjetische Militäradministration in Deutschland (SMAD) in Absprache mit Moskau die Planung der weiteren Schritte, während den deutschen Kommunisten bestenfalls eine beratende Funktion zukam. Verschiedene Modelle wurden erörtert, verschiedene Enteignungsgrenzen diskutiert. So entstand zwischenzeitlich die (schnell wieder verworfene) Idee, neben der »Liquidierung« der Gutsbetriebe alle weiteren Bauernhöfe auf eine Größe von jeweils 40 Hektar zu verkleinern. Auch die Frage möglicher Entschädigungen stand zur Debatte, wurde aber ebenfalls verworfen.[27]

26 Die Bodenreform in der SBZ nach sechzig Jahren, S. 816.
27 Jochen Laufer, Die UdSSR und die Einleitung der Bodenreform in der Sowjetischen Besatzungszone, in: Arnd Bauerkämper (Hrsg.), »Junkerland in Bauernhand«? Durchführung, Auswirkungen und Stellenwert der Bodenreform in der Sowjetischen Besatzungszone, Stuttgart 1996, S. 21–35. Vgl. dort zu weiteren Details.

Im Juli und August nahmen die Planungen dann konkrete Formen an, Stalin wurde mehrfach konsultiert. Er war es anscheinend auch, der am Rande der Potsdamer Konferenz die endgültige Enteignungsgrenze von 100 Hektar festlegte, während Hoernle zu diesem Zeitpunkt noch von 50 Hektar ausging (wodurch sich die Zahl der zu enteignenden Betriebe in etwa verdoppelt hätte). Spätestens ab dem 31. Juli 1945 lag zudem der Entwurf eines Schreibens der SMAD an Stalin vor, das die Grundzüge der Bodenreform endgültig fixierte.[28] Ausdrücklich wurde darin betont, dass sich die Bodenreformverordnung für die SBZ an jenen Bestimmungen orientieren würde, die in Polen, Ungarn und Rumänien bereits erlassen worden waren. Auch wenn nationale Besonderheiten Berücksichtigung fanden – das zugrunde liegende Modell war weitgehend einheitlich.

Das Schreiben nannte konkrete Zahlen. So ging man davon aus, dass 8671 Betriebe mit einer Fläche von 100 oder mehr Hektar entschädigungslos enteignet werden müssten, was einem Anteil von 30 Prozent der gesamten Nutzfläche entsprach. Gleichfalls enteignet werden sollte »der Grundbesitz führender Funktionsträger der Nazipartei und des Staates sowie anderer Kriegsverbrecher«; der »Grundbesitz der Klöster und anderer konfessioneller Körperschaften« hingegen sollte gänzlich unangetastet bleiben. Die Bildung eines Bodenfonds, der die Grundlage für die weitere Verteilung darstellen würde, sah das Schreiben ebenso vor wie die Übertragung der Eigentumsrechte an Landarme und Landlose »gegen Verrechnung mit dem Wert der Jahresernte«. Offen blieb weiterhin die anzustrebende Größe der Neubauernstellen, jedoch dürften nur Landarme begünstigt werden, die über maximal 5 Hektar Land verfügten. Die Verteilung des Landes sollte örtlichen Bodenkommissionen (auch: Bodenreformkommissionen) obliegen, die SMAD nur »inoffiziell« Unterstützung leisten.

28 Vgl. ebd. Eine spätere Fassung liegt gedruckt vor in: Jochen P. Laufer/ Georgij P. Kynin (Hrsg.), Die UdSSR und die deutsche Frage 1941–1948. Dokumente aus dem Archiv für Außenpolitik der Russischen Föderation, Bd. 2, Berlin 2004, S. 96–98. Dort auch die folgenden Zitate und Zahlen.

Von nun an sollte die Reform von den deutschen Kommunisten umgesetzt werden und nicht – entsprechend der deutschlandpolitischen Zurückhaltung Stalins – als Maßnahme der Besatzungsmacht erscheinen. Ihr Abschluss war bereits für den 25. Oktober 1945 vorgesehen. Der sich daraus ergebende Zeitrahmen war unter den Nachkriegsbedingungen völlig illusionär, verweist aber darauf, mit welchem Nachdruck die sowjetische Seite jetzt ihre Vorstellungen verwirklicht sehen wollte. Die Bodenreform konnte beginnen.

3.3 »Junkerland in Bauernhand«? Initiierung und Durchführung der Bodenreform

Nachdem der sowjetische Entwurf der Bodenreformverordnung an das ZK der KPD weitergeleitet und von Wolfgang Leonhard ins Deutsche übertragen wurde, war die Zeit der Ungewissheiten endgültig vorbei. Entsprechend der Vorgaben der Besatzungsmacht gingen die Spitzengremien der KPD unmittelbar daran, kurzfristig den Startschuss zu geben. Die Bodenreform war das erste Minimalziel kommunistischer Agrarpolitik, nun galt es, dieses in die Praxis umzusetzen.

Bereits zuvor hatte die Besatzungsmacht die Provinz Sachsen[29] für die Eröffnung der Kampagne auserwählt. Hier sollte jener Präzedenzfall geschaffen werden, der dann auf die gesamte Besatzungszone übertragen werden konnte. Dem entsprach die KPD-Führung mit einem Beschluss vom 20. August 1945, der den Beginn der Bodenreform für den 1. September 1945 festlegte; eine geringfügig überarbeitete Fassung der sowjetischen Vorlage erging mit entsprechenden Direktiven an alle Bezirks- und Kreisleitungen der Partei. Damit verließ das Projekt die zentrale politische Ebene und wurde so zur Tagespolitik. Doch die hektische Betriebsamkeit, die insbesondere die Spitzen der KPD nun an den Tag legten, genügte der Besatzungsmacht nicht. Bereits eine Woche später wurde der Parteivorsitzende Wilhelm Pieck einbestellt und

---

29 Die damalige Provinz Sachsen entspricht in groben Zügen dem heutigen Sachsen-Anhalt.

musste sich harsche Kritik gefallen lassen. Der Stellvertreter des Politischen Beraters der SMAD, Wladimir S. Semjonow, gab die Position der Militärverwaltung kurz und treffend zu Protokoll: »Unzufrieden über nicht genügenden <u>Eifer</u> u. <u>Ernst</u> an Bodenreform-Kampagne« [30]. Insbesondere bemängelte er die schlechte Pressearbeit hinsichtlich der kommenden Ereignisse, gab in dem Gespräch aber auch zu erkennen, dass es selbst innerhalb der sowjetischen Administration Bedenken gegen ein überschnelles Agieren gab. Wieder einmal waren es die Landwirtschaftsexperten, die Einspruch erhoben hatten. Sie kritisierten vor allem den Zeitpunkt der Reform, da sie mitten in die Herbstbestellung fallen und so auch die Erträge des kommenden Jahres gefährden würde. In der ernährungswirtschaftlich schwierigen Lage waren die möglichen Folgen kaum absehbar. Auf dieses Problem hatte schon Hoernle in Moskau hingewiesen, und es stieß bei Semjonow durchaus auf Akzeptanz. Dennoch fanden die Fachleute abermals kein Gehör, denn, so erklärte Semjonow: »… Einwand ist ökonomisch richtig, aber <u>politisch</u> nicht – nicht mehr aufschieben.« [31] Politische, nicht wirtschaftliche Interessen waren abermals ausschlaggebend.

Doch schon zwei Tage vor dem Gespräch hatte das Sekretariat der KPD, eines ihrer wichtigsten Gremien, einen Maßnahmeplan verabschiedet, der Initiierung und Durchführung der Bodenreform genau festlegte und konkrete Daten benannte. Nur einen Tag nach dem bereits fixierten Start am 1. September 1945 waren in der gesamten SBZ Bauernversammlungen durchzuführen, auf denen die Maßnahmen der Provinz Sachsen beraten und »und analoge Maßnahmen gefordert werden« sollten. Bis zum 5. September hatten dann alle anderen Landes- und Provinzialverwaltungen entsprechende Verordnungen herauszugeben. Zeitgleich waren weitere Versammlungen in den Dörfern durchzuführen, um dort Kommissionen für die Durchführung der Bodenreform zu

---

30 Besprechung mit Semjonow vom 28. 8. 1945, 12 Uhr, in: Badstübner/Loth, Wilhelm Pieck, S. 55. Unterstreichungen im Original.
31 Ebd.

konstituieren. Da ein spontaner Beginn der Umverteilung nicht erfolgt war, sollte so die Illusion eines selbstbestimmten Handelns der Landbevölkerung aufrechterhalten werden. Freilich, so legte das Papier fest, hatte die KPD dabei aktiv Unterstützung zu leisten und den gewünschten Verlauf zu sichern. Alle anderen Parteien sollten erst nach dem Erlass des Gesetzes in der Provinz Sachsen einbezogen und auf diese Weise vor vollendete Tatsachen gestellt werden.[32]

Obwohl damit der Verlauf der Reform in seinen Grundzügen festgelegt war, blieben zahlreiche Fragen offen. So wurde intensiv über den Umgang mit den zu konfiszierenden Waldgebieten debattiert und auch die geringe Fläche der Neubauernstellen weiterhin stark kritisiert. Da die politische Grundsatzentscheidung aber getroffen war, wurde derartigen Fragen von den Entscheidungsträgern nur sekundäre Bedeutung beigemessen. Der Provinz Sachsen oblag es nun, der Reform in der Praxis zum Durchbruch zu verhelfen.

Doch es gab Schwierigkeiten, der Termin geriet in Gefahr. Dafür gab es mehrere, eng miteinander verbundene Gründe. So hatte sich der dortige »Blockausschuss der antifaschistisch-demokratischen Parteien« erst am 29. August 1945 konstituiert. In ihm waren Vertreter aller zugelassenen Parteien – neben der KPD die Sozialdemokratische (SPD), die Christlich-Demokratische (CDU) und die Liberal-Demokratische (LDP) Partei Deutschlands – versammelt, und er musste die Bodenreformverordnung verabschieden, um ihr so Gesetzescharakter zu verleihen. Aufgrund der kurzen Zeiträume und der vielfältigen anderen Fragen, die zu verhandeln waren, schien eine solche Verabschiedung nur ohne grundsätzliche Debatte über das Thema möglich. Dazu zeigten sich SPD, CDU und LDP nicht bereit. Sämtliche Vorarbeiten waren bis zu diesem Zeitpunkt allein zwischen SMAD und KPD abgestimmt worden, die anderen Parteien hatten keinerlei Mitspracherecht gehabt. Zwar betonten Besatzungsmacht

---

32   Laufer, Die UdSSR und die Einleitung der Bodenreform, S. 29.

und KPD-Führung gebetsmühlenartig, wie wichtig es gerade nach den Erfahrungen der nationalsozialistischen Diktatur sei, demokratische Spielregeln einzuhalten, doch gedachten sie keineswegs, diese Forderung auch auf sich selbst zu beziehen. Daher stieß das vorgelegte Papier im Blockausschuss zunächst auf massive Ablehnung. Die dringend notwendige Diskussion, die im Vorfeld hätte erfolgen müssen, brach nun los.

Insgesamt galt: Trotz aller Kritik stimmten auch die drei anderen Parteien mit einigen Grundanliegen der KPD überein. Dazu gehörte die prinzipielle Notwendigkeit einer Landreform ebenso wie die Enteignung von Kriegsverbrechern und die Dringlichkeit der Versorgung der zahllosen Vertriebenen und Flüchtlinge des Krieges. Darüber hinaus jedoch zeigten sich deutliche Differenzen. So wurde Unverständnis darüber geäußert, warum eine derart umfangreiche Reform so kurzfristig und ohne detaillierte Vorbereitung umgesetzt werden sollte. Die CDU stellte ausdrücklich in Frage, ob eine Provinzialverwaltung überhaupt berechtigt sei, ein Gesetz zu verabschieden, das für die gesamte Besatzungszone Bedeutung erlangen würde. Zudem lehnte sie eine undifferenzierte, ungeprüfte Enteignung der großen Güter ohnehin ab. Abermals kamen nun zahlreiche Punkte zur Sprache, die zuvor schon den Fachleuten Kopfzerbrechen bereitet hatten: die willkürliche Enteignungsgrenze, die nur vagen Vorstellungen über die Ansiedlung der Neubauern, deren geringe Betriebsgröße, der Mangel an unterstützenden Maßnahmen, der Eingriff in die Herbstbestellung, die absehbare Härte gegenüber den Gutsbesitzern und die Folgen der Reform für die Ernährung der Bevölkerung.

Es folgten harte Auseinandersetzungen. Die KPD verstand es, die anderen Parteien gegeneinander auszuspielen und nutzte zugleich geschickt deren prinzipielles Einverständnis zu einer Landreform. Unterstützt durch einen anwesenden sowjetischen Offizier ließ sie die Situation schließlich kontrolliert eskalieren und erhob die Frage der Bodenreform zum Prüfstein für die weitere Zusammenarbeit. Die Botschaft dieses Vorgehens war eindeutig: Sollte der Gesetzesentwurf scheitern, wäre auch die Zusammenarbeit im »demokratischen« Block zu Ende. Damit brach der Widerstand, und die Bodenreformverordnung konnte fast unverändert mit zwei Tagen Verspätung und knapper Mehrheit am 3. September 1945 erlassen werden.[33]

Nachdem der Präzedenzfall geschaffen war, verabschiedeten auch die anderen Landes- bzw. Provinzialverwaltungen nahezu identische Gesetzestexte: Mecklenburg-Vorpommern am 5. September 1945, Brandenburg einen Tag später, Sachsen und Thüringen am 10. September. Obwohl es in einigen Einzelheiten durchaus unterschiedliche Festlegungen gab, waren die Eckpunkte damit für die gesamte SBZ einheitlich festgeschrieben. In den Dörfern sollten sich Bodenkommissionen mit fünf bis sieben Mitgliedern bilden, denen es oblag, den gesamten »feudaljunkerliche[n] Boden und Großgrundbesitz über 100 ha« sowie Grundbesitz »von aktiven Verfechtern der Nazipartei«, »Kriegsverbrecher[n] und Kriegsschuldigen« entschädigungslos und vollständig zu enteignen. Das so gewonnene Land war in einen Bodenfonds zu überführen und im Anschluss an Landlose sowie auf dem Wege der Erweiterung vorhandener Kleinstbetriebe auch an Landarme zu verteilen. Für die derart geschaffenen Wirtschaften, denen in Teilen auch das Inventar der enteigneten Betriebe zugeschlagen werden sollte, war eine Durchschnittsgröße von fünf Hektar vorgesehen, die sich in Ausnahmefällen – etwa bei besonders schlechtem Boden – auf bis zu maximal zehn Hektar erhöhen konnte. Die Begünstigten erhielten das Land schuldenfrei, hatten für dessen Erwerb in den Folgejahren jedoch den Wert einer Jahresernte, »das heißt

33 Manfred Wille, Die Verabschiedung der Verordnung über die Bodenreform in der Provinz Sachsen, in: Bauerkämper, »Junkerland in Bauernhand«?, S. 87–102.

Die Landvergabe wurde mit der Ausgabe entsprechender Urkunden besiegelt, Großschönau 1946.

1000 bis 1500 Kilogramm Roggen je Hektar«[34] zu entrichten. In allen Fällen wurde das Land als gebundenes Eigentum übergeben, durfte also nicht verkauft, verpachtet, geteilt oder mit Hypotheken belastet werden. Gegenüber den Altbauern als Volleigentümern ihres Landes schränkte das die Möglichkeiten der Wirtschaftsführung spürbar ein.

34 Verordnung über die Bodenreform in der Provinz Sachsen vom 3. 9. 1945, in: Zur ökonomischen Politik, S. 287–294, Zitate S. 288 f., 293. Ausgerechnet in der Verordnung der Provinz Sachsen fand sich das Wort »entschädigungslos« zunächst nicht. Dieser Umstand erlangte jedoch keine praktische Bedeutung, wurde alsbald entsprechend der zentralen Vorgaben korrigiert.

Noch vor der Verabschiedung der ersten Verordnung hatte die KPD in der brandenburgischen Kleinstadt Kyritz den propagandistischen Startschuss für die Durchführung der Bodenreform gegeben. Am 2. September trat Wilhelm Pieck auf einer minutiös vorbereiteten Veranstaltung auf, versuchte bestehende Bedenken zu zerstreuen (wozu auch bereits die Angst vor einer kommenden Kollektivierung gehörte) und vermischte in seiner Rede demagogisch vermeintliche Wünsche der Landbevölkerung mit dem Herrschaftsanspruch und den Bündnisbestrebungen seiner Partei: »Es ist an der Zeit, daß sich die Bauern und Landarbeitermassen zusammentun, um das geraubte und ergaunerte Land wieder in die Hände der Bauern und Landarbeiter zurückzubringen. Es ist sehr zu begrüßen, daß sich die Erkenntnis dieser Notwendigkeit immer stärker im Dorfe und unter den Bauern und Landarbeitern breit macht und ernste Forderungen auf eine gründliche demokratische Bodenreform erhoben werden. Die Kommunistische Partei Deutschlands hat volles Vertrauen für diese Bestrebungen unter der Bauernschaft und unter den Landarbeitern, die sie mit allen Kräften unterstützt.«[35]

Damit verkehrte Pieck die Realität. Die Bodenreform sei ein Werk der Landbevölkerung, die einen solchen Schritt gewollt und vorangetrieben habe. Seine Partei sei lediglich die Vollstreckerin dieses Willens. Die letzten Monate jedoch hatten sehr deutlich gezeigt, dass genau dies nicht der Fall war. Weder hatte die Bodenreform trotz Ermunterung spontan begonnen, noch war sie bei den anderen Parteien in der vorliegenden Form auf Zustimmung gestoßen. Der Subtext von Piecks Worten war klar: Die selbst ernannte Partei der Arbeiterklasse habe die Wünsche der Landbevölkerung erkannt, stimme mit diesen Wünschen überein und würde deren Verwirklichung vehement fördern. Damit sei allein sie die Kraft, die das Land führen könne. Und natürlich versäumte Pieck es nicht, genau zu erläutern, wie die »Junker« zu enteignen seien.

35 Junkerland in Bauernhand. Rede Wilhelm Piecks zur demokratischen Bodenreform in Kyritz, in: Stiftung Archiv der Parteien und Massenorganisationen im Bundesarchiv (SAPMO-BArch), NY 4036/422.

Die Aufteilung des Bodens wurde propagandistisch als Siegeszug der neuen Ordnung gefeiert. Dabei spielte der Bruch mit der Vergangenheit eine zentrale Rolle: Aufteilung des Rittergutes Helfenberg am 11. September 1945 – nur acht Tage nach der Verabschiedung der Verordnung.

Auch die Losung, unter der all dies erfolgen sollte, gab der KPD-Vorsitzende bekannt: »Junkerland in Bauernhand«.

Nachdem die gesetzlichen Grundlagen geschaffen waren und die Bodenreform auch öffentlich als Sofortmaßnahme propagiert wurde, gewann der Prozess sehr schnell an Dynamik. Insgesamt hatte es auf dem Gebiet der späteren DDR gemäß der letzten landwirtschaftlichen Betriebszählung des Jahres 1939 genau 9050 Betriebe mit mehr als 100 Hektar Nutzfläche gegeben, die über etwa 30 Prozent der gesamten Nutzfläche der SBZ verfügten. Mit Ausnahme der Güter kirchlicher Träger fielen diese nun unter die Bestimmungen der Bodenreform, sollten also kurzfristig enteignet werden. Davon waren bis Ende des Jahres 1948 7112 Gutsbetriebe betroffen, hinzu kamen 4278 andere Betriebe, deren Inhabern in der überwiegenden Zahl der Fälle vorgeworfen worden war, »Nazi- und Kriegsverbrecher« zu sein. Allein bis zum 1. Oktober 1947 waren dadurch über drei Millionen Hektar Land in den staatlichen Bodenfonds geflossen. Letztendlich stammten gut drei Viertel des konfiszierten Landes aus Gutsbetrieben, etwa zehn Prozent aus früherem Staatsbesitz und weniger als vier Prozent aus Privatbetrieben mit weniger als 100 Hektar Fläche. Zwei Drittel des Landes wurden wieder an Individualempfänger ausgereicht. Gemäß den relevanten Verordnungen waren 503 466 Personen berechtigt, Anträge auf Landzuteilung zu stellen, und bis Ende des Jahres 1945 waren bereits 350 227 derartige Anträge eingegangen. Insgesamt profitierten 559 089 Privatpersonen von der Reform, die Zahl der Neubauernstellen erreichte 1950 mehr als 210 000.[36]

Neben diesen gewaltigen strukturellen, ökonomischen und gesellschaftlichen Veränderungen zielte die Bodenreform aus Sicht ihrer Initiatoren von Anbeginn auf weitere Effekte. So sollte sie nicht zuletzt dazu beitragen, »die Arbeit der Organisation der Kommunistischen Partei von oben bis unten zu aktivieren«, den »Zustrom von Anträgen auf Aufnahme in die Kommunistische Partei«[37] zu verstärken, so ihre Vormachtstellung gegenüber den anderen politischen Kräften zu festigen und ihre traditionell schwache Stellung auf dem Lande zu überwinden. Der ökonomische Sinn der Reform war immer wieder angezweifelt worden, politisch jedoch ließen sich damit gleich mehrere Zielstellungen der Kommunisten verwirklichen: die Beseitigung des Großgrundbesitzes, die Installierung einer neuen, der Bündnistheorie entsprechenden Bevölkerungsgruppe, die Mobilisierung des Parteiapparates und nicht zuletzt der Nachweis, dass die KPD tatsächlich in der Lage sein würde, die ihr von der Besatzungsmacht zugedachte Führungsrolle auszufüllen. Es darf keinesfalls übersehen

36 Bauerkämper, Ländliche Gesellschaft, S. 239–245.
37 Bericht des Informationsbüros der SMAD »Über die politische Lage in Deutschland« vom 3. November 1945, in: Bernd Bonwetsch/ Gennadij Bordjugov/Norman M. Naimark (Hrsg.), Sowjetische Politik in der SBZ 1945–1949. Dokumente zur Tätigkeit der Propagandaverwaltung (Informationsverwaltung) der SMAD unter Sergej Tjulpanov, Bonn 1997, S. 20–30, Zitate S. 20 f.

Feierliche Vergabe des Bodenreformlandes in Anwesenheit des stellvertre-
tenden sächsischen Ministerpräsidenten Kurt Fischer, September 1945.

werden, dass die Reform den Begünstigten neue Lebens-
perspektiven eröffnete, ihnen unter den harten Bedingungen
der Nachkriegszeit das Überleben im Extremfall überhaupt erst sichern konnte, doch das war nur eine Seite der
Medaille. Die mit ihr verbundenen Intentionen reichten viel
weiter. Nicht zuletzt die mit aller Rücksichtslosigkeit durch-
gesetzte Vertreibung der Gutsbesitzer zeigt, dass es darum
ging, gewachsene Strukturen umfassend zu zerstören, um
so Platz zu machen für neue, die der eigenen Weltanschauung entsprachen. Lange ist darüber gestritten worden, ob
insgesamt ökonomische oder politische Ziele die Initiierung
und radikale Durchführung der Reform dominiert hätten –
inzwischen besteht weitgehende Einigkeit, dass Letzteres der
Fall gewesen ist. [38]

Die Gemeindebodenkommissionen entwickelten sich zum
wichtigsten Vehikel zur Durchsetzung der Bodenreform.
Schon in den ersten drei Wochen nach dem Erlass der Verordnungen bildeten sich in der SBZ über 9400 derartige Kommissionen, in denen vier Monate später insgesamt 51232 Personen
mitwirkten. Sie zeichneten verantwortlich für die praktische
Umsetzung der Bodenreform vor Ort, überwacht durch die
(oftmals von der KPD dominierten) Kreis- und Provinzial-
bodenkommissionen. Zumeist rekrutierten sich die lokalen
Ausschüsse aus Begünstigten und örtlichen Funktionären.
Die überwiegende Anzahl der Mitglieder war parteilos; ein
knappes Viertel gehörte im Februar 1946 der KPD an, etwa
15 Prozent der SPD und nur 1,6 Prozent der CDU oder LDP.
Die Kommissionen hatten vor Ort weit reichende Befug-
nisse. Ihnen oblag formal die Enteignung der Güter sowie die
Aussiedlung ihrer bisherigen Besitzer, die in der Praxis aber
zumeist von sowjetischen Armeeangehörigen vorgenommen
wurde. Sie erfassten das zu verteilende Land und die Antrag-
steller, parzellierten die Flächen, leiteten das vorgeschriebene
Losverfahren und übergaben das Land möglichst im Rahmen

---

38 Zu diesem Ergebnis kommen etwa so unterschiedliche Publika-
    tionen wie Rolf Badstübner, Vom »Reich« zum doppelten Deutsch-
    land. Gesellschaft und Politik im Umbruch, Berlin 1999, und Kluge,
    Agrarwirtschaft und ländliche Gesellschaft.

Ausweisungsbefehl

In Durchführung der Bodenreform werden Sie mit allen Ihren Fami=
lienangehörigen des Kreises verwiesen. Sie haben mit allen Ihren Fami=
lienangehörigen innerhalb 48 Stunden nach Erhalt dieses Befehls das Kreis
gebiet zu verlassen. Sie dürfen nur Handgepäck mitnehmen, unter dem sich
Wertsachen nicht befinden dürfen. Ein von mir beauftragter Polizeibeamter
hat die Vollziehung dieses Befehls zu überwachen, im Weigerungsfalle hat
der Beamte den Auftrag, Sie oder das diesem Befehle nicht Folge leistende
Familienmitglied zu verhaften. Aufnahmegebiet Querfurt und Sangerhausen.

Herzberg/Elster, den 22. Dezember 1945.
Der Landrat des Kreises Schweinitz.

An Ernst N i e n d o r f.
Herrn - ~~Fräu===Fräulein~~
in Oehna ....T........

Ausweisungsbefehl zur Bodenreform. Ohne jegliche Rücksichtnahme zerstörte er Existenzen, um der ideologisch bedingten »Reform« zum Durchbruch zu verhelfen.

einer feierlichen Veranstaltung an die Neueigentümer. Spontane Enteignungen sollte es jetzt möglichst nicht mehr geben, das Verfahren nur noch in der beschriebenen Weise durchgeführt werden. Sobald Probleme auftauchten, schalteten sich die übergeordneten Institutionen ein.

Und die Probleme häuften sich. Die Reform war schlecht, da zu kurzfristig vorbereitet. Es mangelte an logistischer Unterstützung, und zumindest in der Frühphase gab es entschiedenen Widerstand. Hierbei spielten vor allem die »bürgerlichen« Parteien in der SBZ, die CDU und die LDP, eine wichtige Rolle. Schon bei der Verabschiedung der Bodenreformverordnungen war aus diesem (politischen) Spektrum immer wieder Kritik laut geworden, die in der Folgezeit keineswegs verstummte. Der Streit eskalierte letztlich wegen des Umgangs mit den Gutsbesitzern. Intern wie öffentlich bezogen die Parteiführungen Stellung gegen deren rücksichtslose Enteignung und Vertreibung, regionale Funktionäre versuchten immer wieder, Ausnahmeregelungen zu erwirken oder verweigerten ihre Unterschrift unter den relevanten Papieren.[39] Diese Auseinandersetzungen wurden sowohl in den Dörfern als auch von den Machthabern genau beobachtet, ihre Folgen waren kaum abzuschätzen, und letztlich griff die SMAD durch. Nachdem im November 1945 bereits der Vorsitzende der LDP, Waldemar Koch, wegen seiner Kritik an der Bodenreform abgesetzt worden war, ereilte das gleiche Schicksal nur einen Monat später auch die Vorsitzenden der CDU, Andreas Hermes und Walther Schreiber.

Die lokalen Bodenkommissionen kämpften ebenfalls mit vielfältigen Schwierigkeiten. Die Privilegien, die ihnen eingeräumt wurden, hatten eine Kehrseite. Die politischen Entscheidungsträger erwarteten, dass die Verordnungen buchstabengetreu umgesetzt würden und beschworen damit eine Vielzahl von Konfliktfeldern herauf. Auffallend oft betrafen sie Angelegenheiten, die ohnehin im Kreuzfeuer der Kritik standen. Die Aufteilung des Landes gerade zu Zeiten der Herbstbestellung widersprach dem bäuerlichen Sachverstand, die zu verteilenden Parzellen wurden wegen ihrer geringen Größe als unzureichend, die starren Enteignungsgrenzen vielfach als absurd angesehen, und die marxistisch-leninistische Klassenkampftheorie entsprach in den Dörfern oftmals nicht der Realität. Zahlreiche Gemeinden schützten »ihre« Gutsbesitzer und gerieten dadurch selbst ins Kreuzfeuer der Kritik. Das verzögerte die Aufteilung des Landes, verhinderte die Einsetzung der neuen Eigentümer und führte in seltenen Extremfällen kurzzeitig dazu, dass die bisherigen Verhältnisse – nur oberflächlich kaschiert – weiter bestanden. Zudem waren in den örtlichen Bodenkommissionen die Alteingesessenen oftmals überproportional vertreten, was

---

39 Vgl. den Bericht Semjonows vom 28. September 1945, in: Laufer/ Kynin, Die UdSSR und die deutsche Frage, S. 118–125.

dazu führen konnte, dass die im Dorf neu Angekommenen übervorteilt wurden.

Als die SMAD per 1. Juni 1948 das Ende der Bodenreform verfügte, war weder die Landumverteilung abgeschlossen noch waren die offenen Fragen geklärt. Das änderte nur wenig am Ergebnis: Im ländlichen Raum der SBZ hatte eine bisher nicht gekannte Besitzverschiebung stattgefunden. Die politischen Ziele der Reform, insbesondere die Vertreibung der Gutsbesitzer und die Etablierung der Neubauern als potenzielle Bündnispartner der deutschen Kommunisten, waren verwirklicht. Die Machthaber zeigten sich zufrieden. Doch wer wissen wollte, wie die Reform tatsächlich wirkte und welch gravierende Probleme daraus erwuchsen, der musste die ideologische Ebene verlassen und in die Dörfer schauen. Dort war das Bild weit weniger hoffnungsfroh.

3.4 Folgen und Probleme: die Situation in den Dörfern

Nachdem sich die Hoffnung der KPD auf spontane Enteignungen in den Dörfern zerschlagen hatte, wurde die Bodenreform als zentral gesteuerter und einheitlich durchzusetzender Transformationsprozess geplant. Die Realität freilich war sehr viel komplizierter. Allein die Wirtschaftsstruktur der SBZ wies entscheidende Differenzierungen auf, die nicht ohne Einfluss auf die Umsetzung und die Folgen der Reform bleiben konnten. Während der Norden, vor allem die Länder Mecklenburg-Vorpommern und Brandenburg, stark agrarisch geprägt und nur dünn besiedelt war, verfügte der Süden, insbesondere die heutigen Länder Sachsen und Thüringen, über deutlich mehr Einwohner pro Quadratkilometer, über eine ausgeprägte Industrie und über zahlreiche urbane Zentren. Dieses Nord-Süd-Gefälle spiegelte sich auch in den landwirtschaftlichen Besitzverhältnissen wider. In den nördlichen Gebieten hatte sich seit dem 16. Jahrhundert die großflächige Gutsherrschaft herausgebildet, die ihre Position trotz tiefer Einschnitte beständig auszubauen verstand. Die Inhaber von Großbetrieben mit mehr als 100 Hektar Nutzfläche bewirtschafteten hier in der ersten Hälfte des 20. Jahrhunderts zum Teil weit mehr als 60 Prozent des Bodens. Im Süden war es kaum 50 Prozent, dort überwogen kleinere Hofstellen. In Sachsen etwa dominierten die klein- und mittelbäuerlichen Betriebe, und es gab auch bis zum Jahr 1945 keinerlei Anzeichen dafür, dass die Gutshöfe ihren Einfluss vergrößern würden. Da die Bodenqualität im Süden allgemein besser war als im Norden, die Betriebe trotz der gleichen kriegsbedingten Einschränkungen erfolgreicher arbeiteten und die Mehrzahl der Flüchtlinge in den Norden geleitet wurde, stellte sich die Ausgangslage erkennbar anders dar. Historisch war die Landwirtschaft Thüringens und Sachsens wegen der vielfältigen Gemeinsamkeiten ohnehin eher in Richtung Westen, etwa nach Hessen, orientiert. Gerade im Vergleich zum Ende des Ersten Weltkrieges war die Situation des Jahres 1945 im Süden der SBZ spezifisch: »Es fehlten eine kollektive Landarmut und innergesellschaftliche Konflikte in den ländlichen Gemeinden. Unter diesen Umständen ergab sich [...] keineswegs der Zwang für eine kurzfristige Bodenreform, sondern für einen organischen, den der Not begegnenden Versorgungsaufgaben angemessenen Weg in eine rechtsstaatlich fundierte Agrarverfassung.«[40]

Die unterschiedlichen Voraussetzungen, insbesondere das Nord-Süd-Gefälle bezüglich der großflächigen Betriebe, schlugen sich spürbar nieder. Der Anteil der Länder an den Flächen im Bodenfonds zeigt dies deutlich: Während Mecklenburg-Vorpommern und Brandenburg durchschnittlich etwa 30 Prozent der insgesamt 3,3 Millionen Hektar konfiszierten Landes einbrachten, lag der Anteil Sachsens lediglich bei 10,6 Prozent und der Thüringens nur bei 6,3 Prozent. Während in Sachsen 1798 Betriebe enteignet und 80 756 Pri-

40 Ulrich Kluge, »Die Bodenreform ist in erster Linie eine politische Angelegenheit«. Agrarstruktureller Wandel in Sachsen 1945/46, in: Bauerkämper, »Junkerland in Bauernhand«?, S. 103–117, hier. S. 107.

vatpersonen begünstigt wurden, waren es in Brandenburg 3053 Betriebe und mehr als 110 980 Begünstigte.[41]

Die ungleichen Rahmenbedingungen sorgten dafür, dass die Bodenreform in den Regionen durchaus einen unterschiedlichen Verlauf nehmen konnte, obwohl sich die daraus resultierenden Probleme vielfach ähnelten. Da die Mehrzahl der allein bis 1946 etwa 3,6 Millionen Flüchtlinge ihren Wohnsitz im Norden der SBZ nahm und dort auch die Zahl der enteigneten Betriebe weit höher war, kam es hier zu einer beispiellosen Umstrukturierung der ländlichen Gesellschaft. Im Süden hingegen wirkten die bäuerlichen Traditionen stärker nach, die Verschiebungen im ökonomischen wie gesellschaftlichen Bereich fielen geringer aus. Obwohl sich gerade in Bezug auf die Bodenreform allzu pauschale Urteile verbieten, kann ohne jeden Zweifel davon ausgegangen werden, dass die Reform im Norden umfassender wirkte. Das gilt schon allein deshalb, weil dort die dominierende Struktur, die Gutswirtschaft, zerschlagen wurde, während in Sachsen und Thüringen sowohl vor als (zunächst) auch nach der Bodenreform die klein- und mittelbäuerlichen Betriebe bestimmendes Element blieben.

Dennoch glich sich die Umsetzung der Reform im ganzen Land. Die DDR-Geschichtsschreibung brachte es rückblickend wie folgt auf den Punkt: »Die Durchführung der Bodenreform lag in den Händen demokratisch gewählter Bodenreformkommissionen, die sich als Organe des Klassenbündnisses der Arbeiter mit den werktätigen Bauern bewährten. Unterstützt von den demokratischen Staatsorganen und den Gewerkschaften, erläuterten sie den Landarbeitern und den werktätigen Bauern die Bodenreformgesetzgebung und führten die Enteignung der Großgrundbesitzer, Kriegsverbrecher und Naziaktivisten durch. Gemeinsam mit den antifaschistisch-demokratischen Machtorganen brachen sie den Widerstand der enteigneten

41 Karl Eckart, Agrargeographie Deutschlands. Agrarraum und Agrarwirtschaft Deutschlands im 20. Jahrhundert, Gotha / Stuttgart 1998, S. 190; zu Brandenburg: Bauerkämper, Ländliche Gesellschaft, S. 520 f.; zu Sachsen: Kluge, »Die Bodenreform ...«, S. 117.

Großagrarier und organisierten die Aufteilung des Bodens und des Inventars. Dabei stützten sie sich auf die Landarbeiter, landarmen Bauern und Umsiedler, die die von den Kommissionen erarbeiteten Aufteilungspläne berieten und bestätigten.«[42]

Was hier jedoch wie eine ungebrochene, geradlinige Umsetzung der zentralen Vorgaben klingt, war in der Realität von einer Vielzahl von Problemen behaftet, die in den Dörfern immer offener zutage traten. Schon die Enteignung der Betriebe stellte sich als komplizierter heraus, als es sich die Machthaber vorstellten. Es gab Widerstand. Dieser resultierte oftmals aus den engen sozialen Beziehungen in den ländlichen Gemeinden, die in Jahrhunderten gewachsen waren und nicht kurzfristig durch Verordnungen aufgebrochen werden konnten. Insbesondere die durchgängige Diffamierung der Gutsbesitzer als »Kriegsverbrecher und Naziaktivisten« entsprach nicht der Realität. Eine individuelle Prüfung der pauschalen Vorwürfe fand nicht statt, allein die Betriebsgröße war entscheidend für diese Zuschreibung. Selbst ausgewiesene Widerständler, die aktiv gegen das nationalsozialistische Regime agiert hatten, waren nun von der Enteignung betroffen. Sie erhielten auch kein Land zurück, wenn sie vor 1945 wegen ihrer Aktivitäten Beschlagnahmungen über sich ergehen lassen mussten. Gleiches galt für das Eigentum jüdischer Betriebsinhaber. Auch sie konnten nicht auf Entschädigung oder Rückgabe hoffen. Die Legitimierung der Bodenreform als Entnazifizierung erlitt dadurch nachhaltig Schaden; immer wieder gab es aus den Dörfern, von den Begünstigten, Anträge, hier Ausnahmeregelungen zu treffen. Diese wurden durchgängig negativ beschieden. Es ging nicht darum, dem Antifaschismus auf dem Lande zum Durchbruch zu verhelfen, sondern eine soziale Klasse entsprechend den ideologischen Vorgaben zu »liquidieren«. Auf den Punkt gebracht bedeutete

---

42 Rosemarie Sachse u. a. (Hrsg.), Früchte des Bündnisses. Werden und Wachsen der sozialistischen Landwirtschaft der DDR, Berlin (Ost) 1985, S. 24.

das: »Die Enteignungen hatten also wenig damit zu tun, wer Nationalsozialist gewesen war und wer nicht.«[43]

Die durchgängige Vertreibung der Gutsbesitzer aus ihren Heimatkreisen war dabei trotz aller Dramatik die weniger menschenverachtende Lösung. Denn im Streben nach möglichst umfassender Zerstörung der gewachsenen Strukturen gingen KPD und Besatzungsmacht in vielen Fällen noch einen Schritt weiter: Die Betroffenen wurden inhaftiert, in andere Gebiete der SBZ deportiert und dort unter unmenschlichen Bedingungen in Lager gepfercht. Besonders hart traf es dabei viele der in Sachsen Enteigneten, die mit Sammeltransporten auf die Insel Rügen verbracht, dort im Lager Prora interniert und später zur weiteren Siedlung auf der Insel verpflichtet wurden. Ein Betroffener erinnert sich: »Am 28. Oktober wurden wir in einen langen Güterzug verladen. Es waren Viehwagen ohne Stroh. In jeden Wagen kamen etwa 50 Menschen. Die Türen waren fest verschlossen. Das Ziel unserer Verschleppung war völlig unbekannt. Unter den erniedrigendsten Beschimpfungen und zum Teil auch Mißhandlungen setzte sich dieser Transport abends in Bewegung. Brot und wenig Kaffee waren die ersten 2 Tag unsere einzige Nahrung. Nach geglückten und auch missglückten Fluchtversuchen einiger junger Leute wurden wir auf der langen Fahrt nicht mehr ins Freie gelassen und erhielten nur noch rohe Kartoffeln in die Waggons geschüttet. [...] Am 1. November wurden wir in Stralsund ausgeladen und zu Fuß über die Notbrücke des zerstörten Rügendammes getrieben.«[44] Auch auf der Insel waren Kälte, Hunger, Krankheit, der Mangel an Nahrung, Unterkunft und Kleidung allgegenwärtig. Dies führte zu einer Situation, die ein weiterer Betroffener in seinem Brief an die

---

43 Norman M. Naimark, Die Russen in Deutschland. Die Sowjetische Besatzungszone 1945 bis 1949, Berlin 1999, S. 186. Vgl. auch: Arnd Bauerkämper, Der verlorene Antifaschismus. Die Enteignung der Gutsbesitzer und der Umgang mit dem 20. Juli 1944 bei der Bodenreform in der Sowjetischen Besatzungszone, in: Zeitschrift für Geschichtswissenschaft 42 (1994), S. 623–634.

44 Joachim von Kruse (Hrsg.), Weißbuch über die »Demokratische Bodenreform« in der Sowjetischen Besatzungszone Deutschlands. Dokumente und Berichte, München 1988, S. 74 f.

sächsischen Behörden mit unmissverständlichen Worten festhielt: »Helfen Sie uns bitte, bitte [...] wir sterben.«[45]

In den Dörfern der SBZ verliefen die Parzellierung des Landes und die Bewirtschaftung durch die Neueigentümer derweil weit schleppender als dies die Propaganda suggerierte. Als die SMAD zum Jahreswechsel 1945/46 eine Überprüfung der Landverteilung vornahm, stellte sie »Unzulänglichkeiten und Mängel« fest, forderte und ergriff sofortige Maßnahmen. Mindestens 180 Güter seien landesweit nicht aufgeteilt worden, was inklusive Waldflächen einem Gesamtumfang von 363 500 Hektar entsprach – mehr als zehn Prozent der in den Bodenfonds eingebrachten Flächen. Schlimmer noch: »Auf einigen Gütern, die als aufgeteilt galten, wurde die alte Ordnung aufrechterhalten, wonach die gesamte wirtschaftliche Tätigkeit dem Verwalter unterstand, während die so genannten ›Neubauern‹ faktisch unverändert Arbeiter blieben, die für ihren Einsatz entlohnt wurden.«[46] Offensichtlich fand sich in den betreffenden Fällen kein »werktätiger« Bauer oder sonstiger Verbündeter der Arbeiterklasse, der einen Vorteil darin sah, die Gegebenheiten zu verändern. Auch hier wirkten die Traditionen fort oder die Beteiligten sahen größeren Nutzen darin, mit den bisherigen Strukturen weiterzuarbeiten, statt kleinflächige Parzellen zu schaffen. Eine Untersuchung der sächsischen Landesregierung war Ende des Jahres 1945 zu einem ähnlichen Ergebnis gekommen: Eine »große Anzahl« der Güter sei in der SBZ nicht aufgeteilt worden, allein in Sachsen entsprachen 15 der 17 überprüften Fälle nicht den Vorschriften.

Die Gründe für die begrenzte Aufteilung waren vielfältig. Dass es auf Anweisung Hoernles keine Feinvermessungen für die Grundbucheintragungen gab und die Eintragungen darüber hinaus nur schleppend verliefen, führte zu einem Gefühl der Rechtsunsicherheit in vielen Dörfern. Die Vernichtung

45 Zitiert nach: Naimark, Die Russen in Deutschland, S. 183.
46 Geheimes Schreiben von Semjonow an Smirnow, 5. Februar 1946, in: Laufer/Kynin, Die UdSSR und die deutsche Frage, S. 256–258, hier S. 257.

Die Flüchtlinge aus dem Osten wurden zunächst oft erst einmal in so genannten Umsiedlerheimen einquartiert, wie hier in Wilschdorf.

zahlreicher Grundbücher in Folge des Kriegsgeschehens verstärkte dieses Gefühl, das insbesondere alteingesessene Kleinbauern davon abhielt, mit der Bewirtschaftung der zugeteilten Flächen zu beginnen. Flüchtlinge und Vertriebene, die in der SBZ/DDR alsbald durchgängig als »Umsiedler« tituliert wurden, hatten wiederum ihre ganz eigenen Motive, diesen Schritt nicht zu gehen. Vor allem in der Nähe der Zonengrenzen fanden sich dafür zwei Hauptargumente: So verhinderte das Gerücht, die »Umsiedler« könnten in absehbarer Zeit wieder in ihre alte Heimat zurückkehren, eine Integration derselben in die dörfliche Lebenswelt und damit auch ihre Bereitschaft, sich für eine landwirtschaftliche Produktion über die eigenen, unmittelbaren Bedürfnisse hinaus zu engagieren.

Nicht jede Neubauernwirtschaft verfügte über eigenes Vieh, Hönow 1948.

Andererseits führte die aus zeitgenössischem Blickwinkel nicht von der Hand zu weisende Annahme, dass die Nachkriegsordnung keineswegs fest gefügt sei, sich die Dinge noch grundlegend ändern könnten, zu der weit verbreiteten Erwartung, dass die vormaligen Besitzer ihre Betriebe vielleicht doch zurückerhalten könnten. Auch das schmälerte die Akzeptanz der Bodenreform.[47]

Das eigentliche, das grundlegende Problem bei der Umsetzung der Reform stellte jedoch die offensichtliche Unfähigkeit ihrer Initiatoren, der Besatzungsmacht und der KPD-Führung, dar, diese organisatorisch, logistisch und materiell abzusichern. Die Neubauernwirtschaften waren zwar mit großem propagandistischem Aufwand geschaffen worden, ihre Ausstattung ließ jedoch in der überwiegenden Zahl der Fälle in jeglicher Hinsicht zu wünschen übrig. An Spannvieh und Zugmaschinen fehlte es ebenso wie an Wohn- und Wirtschaftsgebäuden, an Baumaterial, Dünger, Saatgut, Arbeits-

---

47 In den 1980er Jahren thematisierten selbst ansonsten unkritische
    Publikationen der DDR diese Problemlagen. Vgl. Klaus Schlehufer,
    Bernhard Grünert. Ein Pionier der sozialistischen Landwirtschaft
    der DDR, Berlin (Ost) 1983, S. 423–427.

Landmaschinenhof der MAS Klotzsche, 1949.

kräften und finanzieller Unterstützung. So bewirtschafteten die Neubauern 1946 in Mecklenburg 55 Prozent des Landes, verfügten aber lediglich über 15 Prozent der Zugpferde; noch im Juni 1947 arbeiteten 43,6 Prozent der dortigen Neubauern ohne Pferd, 36,4 Prozent der Betriebsinhaber gar ohne jegliches Zugvieh.

Die im Zuge der Bodenreform beschlagnahmten Maschinen und größeren Gerätschaften waren eigens in staatliche Maschinen-Ausleih-Stationen (MAS) überführt worden, um so ihren Einsatz für die Neubauern zu sichern. Doch ihre Ausstattung blieb mangelhaft, es fehlte an Ersatzteilen und Treibstoff, so dass sie nur begrenzt Abhilfe schaffen konnten.

Ebenso wenig vermochte ein innerzonaler Viehaustausch, den die sowjetische Militäradministration anordnete, dem mangelnden Viehbesatz effektiv entgegenzuwirken. Zwar wurde aus den vergleichsweise gut besetzten Ländern der südlichen SBZ, vor allem aus Sachsen, dringend benötigtes

Vieh in die tierarmen nördlichen Länder, nach Mecklenburg-Vorpommern und Brandenburg, verschickt, doch konnte auch diese Maßnahme die allgemeine Notlage nicht durchgreifend lindern. Noch 1950 verfügte jede Neubauernstelle durchschnittlich über weniger als ein Pferd, 2,5 Rinder (davon 1,1 Milchkühe) und etwa drei Schweine.

Damit konnte zwar die eigene Existenz vorläufig zumeist gesichert werden, an eine Konsolidierung der Betriebe und die dafür notwendige Marktproduktion war unter diesen Voraussetzungen aber nicht zu denken. Überdies verfügten nur etwa 40 Prozent aller Neubauern über landwirtschaftliche Kenntnisse, die Ablieferungspflichten blieben drückend, die vorhandenen Spannungen zwischen den Alteingesessenen und den Neuankömmlingen klangen in den Dörfern ebenso wenig ab wie die willkürlichen Requirierungen durch sowjetische Truppen. Auf absehbare Zeit schien sich keine Verbesserung der Lage anzukündigen. Die Zukunftsperspektiven der neubäuerlichen Betriebe waren somit von Anbeginn in vielen Fällen äußerst begrenzt.[48]

Den Ausweg aus diesen Dilemmata sahen viele der neuen Betriebsinhaber in der gemeinschaftlichen Bewirtschaftung der erhaltenen Flächen. Dies konnte einerseits durch die Beibehaltung der überlieferten Strukturen erfolgen, andererseits durch die Zusammenlegung ausgewählter Parzellen. Obwohl der Umfang derartiger Bestrebungen bis heute nicht genau quantifiziert werden kann, ist davon auszugehen, dass es solche Bemühungen überall in der sowjetischen Besatzungszone gab. Das konnte letztlich auch nicht überraschen, denn gerade wegen der mangelhaften Ausstattung mit Betriebs-

---

48 Zahlenangaben nach: Arnd Bauerkämper, Von der Bodenreform zur Kollektivierung. Zum Wandel der ländlichen Gesellschaft in der Sowjetischen Besatzungszone Deutschlands und der DDR 1945–1952, in: Hartmut Kaelble/Jürgen Kocka/Hartmut Zwahr (Hrsg.), Sozialgeschichte der DDR, Stuttgart 1994, S. 119–143; exemplarisch zur überaus schwierigen Lage der Neubauern: Barbara Schier, Alltagsleben im »sozialistischen Dorf«. Merxleben und seine LPG im Spannungsfeld der SED-Agrarpolitik 1945–1990, Münster 2001, S. 108–111; zum Spezialproblem der Requirierungen: Norman M. Naimark, Die Russen in Deutschland, S. 186–192.

mitteln machte dieser Schritt Sinn. Politisch jedoch waren derartige Zusammenschlüsse unerwünscht, denn noch immer sollte jeglicher Eindruck einer »Sowjetisierung« der SBZ vermieden werden, zu der die Einführung von Kollektivwirtschaften gehört hätte. Und so wurden diese Allianzen – sofern sie überregional bekannt wurden – konsequent aufgelöst bzw. derart »von der Verwaltung belastet«, dass sie aufgeben mussten. Ökonomisch profitierten die Beteiligten von ihrem selbstbestimmten Beschluss, zusammen zu arbeiten; aber nur so lange, wie es gelang, »die gemeinsame Bodenbearbeitung geheim zu halten«[49].

Den mit Abstand ehrgeizigsten Versuch, die allgemeine Notlage der Neubauern zu lindern, unternahm die sowjetische Militäradministration ab September 1947, als sie mit ihrem Befehl Nr. 209 »über Maßnahmen zum wirtschaftlichen Aufbau der Neubauernwirtschaften« daran ging, die schweren baulichen Mängel der Betriebe zu bekämpfen. Tatsächlich hauste die Mehrheit der Neubauern bis dahin in abrissreifen Bauten, wohnte in Sammelunterkünften oder war in sonstigen, auf Dauer unakzeptabeln Gebäuden untergebracht. So ging die deutsche Zentralverwaltung Ende des Jahres 1946 von einem Bedarf an 205 500 Wohn- und Wirtschaftsgebäuden aus, von denen in Mecklenburg 67 000, in Brandenburg 60 000, in Sachsen-Anhalt 46 000 und in Sachsen und Thüringen immerhin noch 21 000 bzw. 11 500 in möglichst einfacher und preiswerter Art errichtet werden sollten. Frühere Schätzungen hatten sogar noch höhere Zahlen genannt.[50]

Laut den Bestimmungen des Befehls über das so genannte Neubauernbauprogramm sollten nun innerhalb kurzer Zeit, bis zum Ende des Jahres 1948, auf 37 000 Neubauernhöfen Häuser errichtet werden, davon etwa 12 000 in Mecklenburg und 5000 in Sachsen. Doch unrealistische Planungen, widersprüchliche Anweisungen und ungeeignete Begleitbestimmungen behinderten die Umsetzung der Zielstellungen von

49 So rückblickend auf die späten 1940er Jahre das Protokoll der 4. Tagung des Parteivorstandes der DBD am 5./6. 9. 1952, in: SAPMO-BArch, DY 60/166.
50 Dix, »Freies Land«, S. 252.

Aufbau eines Neubauerngehöftes in Dresden-Gorbitz.

Anbeginn. Weder eröffnete der Befehl einen Ausweg aus dem akuten Baustoffmangel noch bot er andere konkrete Hilfszusagen der Besatzungsmacht. Und so konnte es nicht überraschen, dass die hochfliegenden Pläne an den Realitäten der Nachkriegszeit scheiterten. Daran vermochte auch der verordnete Abbruch der Gutshäuser nichts zu ändern. Zwar waren bis zum März 1948 bereits 1963 Gutsanlagen abgerissen und dadurch 71 Millionen Mauersteine sowie knapp fünf Millionen Dachziegel gewonnen worden, doch reichte dies keineswegs aus, um den immensen Bedarf zu decken. Im Gegenteil: Oftmals verstärkte der Abriss intakter Anlagen die Probleme in den Dörfern, da hierin zuvor Flüchtlinge oder Sozialeinrichtungen untergebracht worden waren. Aber deren Abriss galt zur Sicherung der Bodenreform als politisch notwendig, weil dadurch die Erinnerung an die vormaligen Besitzer getilgt werden sollte. Somit wurde er von den Entscheidungsträgern jenseits der Dörfer nicht in Frage gestellt.[51]

51 Vgl. exemplarisch: Katja Schlenker, Die Abbrüche mecklenburgischer Gutsanlagen zwischen 1947 und 1950, in: Ulrich Kluge/ Winfrid Halder/dies. (Hrsg.), Zwischen Bodenreform und Kollektivierung. Vor- und Frühgeschichte der »sozialistischen Landwirtschaft« in der SBZ/DDR vom Kriegsende bis in die fünfziger Jahre, Stuttgart 2001, S. 91–104.

Per Befehl wurden zehntausende intakter Gutsanlagen für den Aufbau von Neubauernshäusern zerstört, Wolmirsleben 1948.

Die zahlreichen, oftmals selbst heraufbeschworenen Problemfelder blieben nicht folgenlos. In Mecklenburg waren bis zum 1. April 1948 lediglich 784 Gehöfte fertig gestellt und 4431 begonnen worden; in Sachsen hatte man von den geplanten 5000 Bauten immerhin 3612 errichtet. Das konnte über den mangelnden Erfolg des Gesamtprogramms jedoch nicht hinwegtäuschen. Also griff man auf Anweisung aus Berlin zu einem Taschenspielertrick: Auch die vor September 1947 erbauten Objekte wurden in die Statistik einbezogen, dadurch gelang es etwa in Sachsen, den Plan mit 101 Prozent zu erfüllen, obwohl die Zahl der anvisierten Neubauten nicht erreicht wurde. Auch die anderen Regionen meldeten Planerfüllung, die allerdings bloße Makulatur war und zu Unmutsbekundungen unter der Bevölkerung führte, da sie den Widerspruch zwischen den Erfolgsmeldungen und der Realität unmittelbar zu spüren bekam. Jedes einzelne Gebäude linderte persönliche Not und war daher willkommen. Das Bauvolumen hatte zwar bisher nicht gekannte Ausmaße erreicht, gleichwohl muss das Programm gemessen an seinen Zielstellungen insgesamt als »eine Geschichte des Scheiterns« charakterisiert werden. Es erbrachte nicht den erhofften Durchbruch bei der Verbesserung der Lebensverhältnisse der Neubauern, konnte deren Stellung innerhalb der Dorfgemeinschaft so nicht nachhaltig stärken und auch die Legitimität der Bodenreform letztlich nicht aufwerten.[52]

Überhaupt war es zu keinem Zeitpunkt gelungen, die instabilen Neubauernstellen ökonomisch zu festigen. Nur zehn bis zwölf Prozent gelang die anhaltende wirtschaftliche Konsolidierung. Die überschnelle Durchsetzung der Bodenreform, ihre Realisierung gegen sachlich gerechtfertigte Einwände, die unzureichende Unterstützung durch staatliche Stellen und deren Unfähigkeit, auf unvorhergesehene Entwicklungen flexibel zu reagieren, trugen wesentlich zum häufigen Scheitern bei. Doch auch mangelnde landwirtschaftliche Kenntnisse der Betriebsinhaber, fehlende Arbeitskräfte und die beschriebene unzureichende Ausstattung mit lebendem wie totem Inventar hatten ihren Anteil daran. Dass das erhaltene Land zudem nur als gebundenes Eigentum galt, legte der Wirtschaftsführung in den neu geschaffenen Betrieben weitere Beschränkungen auf und schuf einen zusätzlichen Wettbewerbsnachteil gegenüber den Altbauern. Die nahezu zwangsläufige Konsequenz

---

52 Vgl. Dix, »Freies Land«, S. 292–319, Zitat S. 313.

war eine massive Landflucht. Mit ihrem Befehl Nr. 82 vom 29. April 1948 hatte die SMAD per 1. Juni desselben Jahres das Ende der Bodenreform verordnet, ein knappes Jahr später hatten bereits mehr als 10 000 Neubauern ihre Betriebe aufgegeben. Obwohl der Sicherung der Bodenreform und dem Erhalt der Neubauernstellen auch in der Folgezeit oberste Priorität eingeräumt wurde, wuchsen die Zahlen beständig an. Im Jahr 1949 kapitulierten bereits 11 100 Neubauern vor den vielfältigen Schwierigkeiten, 1950 waren es schon mehr als 16 000. Bis zum Ende des Folgejahres addierte sich die Zahl der Betriebsaufgaben auf mehr als 67 000 und bis Mitte 1952 erhöhte sich der Anteil statistisch sogar auf nahezu ein Drittel aller Neubauernstellen. Unter diesen Umständen erwies es sich zunehmend als schwierig, das Land erneut zu vergeben; weniger als zehn Prozent aller bis 1952 verlassenen Flächen konnten wieder an Neueigentümer ausgereicht werden.[53]

Die Besatzungsmacht wie auch die Führung von KPD bzw. SED, deren Herrschaft es an demokratischer Legitimierung fehlte, hatten mit der Bodenreform versucht, weltanschauliche und ökonomische Ziele zugleich zu verwirklichen. Die zahllosen Probleme, die daraus erwuchsen, brachten das Projekt nun ernsthaft in Gefahr. Der zwingenden Notwendigkeit einer nachhaltigen Produktionssteigerung standen die negativen Auswirkungen der Reform, insbesondere die in beängstigendem Maße anwachsende Landflucht der Produzenten immer stärker im Wege. Und immer häufiger verließen die Betroffenen die sowjetische Besatzungszone gleich ganz in Richtung Westen. Im Systemwettstreit zwischen den beiden kommenden deutschen Staaten hatte das für das Renommee der selbst ernannten »Arbeiter- und Bauernmacht« immense Folgen.

Ökonomisch erfolgreich arbeiteten in den Dörfern bisher vor allem die so genannten Großbauern, die Inhaber von

---

53 Zahlenangaben nach: Bauerkämper, Ländliche Gesellschaft, S. 283.; Friederike Sattler, Wirtschaftsordnung im Übergang. Politik, Organisation und Funktion der KPD/SED im Land Brandenburg bei der Etablierung der zentralen Planwirtschaft in der SBZ/DDR 1945–52, Münster 2002, S. 431 f.

Betrieben mit mehr als 20 Hektar Nutzfläche. Sie hätten somit einen Orientierungspunkt auf dem Weg aus der Krise bieten können. Die kommunistische Ideologie bot dafür aber nur eine Möglichkeit: die Kollektivierung. Die agrarwirtschaftliche Zwangslage, insbesondere die allgemeine Not der Neubauern, hatten die politisch Verantwortlichen selbst herbeigeführt, und sie sollte ihnen ab dem Sommer des Jahres 1952 als wichtige Legitimation der »Vergenossenschaftlichung« dienen. Dass auch hier in erster Linie politisch-ideologische Motive den Ausschlag gaben, verdeutlicht nicht zuletzt der seit spätestens 1948 von der SED-Führung forcierte Klassenkampf, welcher der ökonomischen Logik widersprach, mit den Vorgaben des Marxismus-Leninismus jedoch gänzlich in Einklang stand. Im September 1948 formulierte Walter Ulbricht die anstehende Politik vor dem Vorstand seiner Partei in aller Deutlichkeit, und wieder einmal war dabei von »Liquidierung« die Rede: »Unsere Aufgabe ist es, den Weg der völligen Beseitigung und Liquidierung der kapitalistischen Elemente sowohl auf dem Lande wie in den Städten zu beschreiten. Diese Aufgabe ist, kurz gesagt, die des sozialistischen Aufbaus.«[54] Nachdem seit 1945 in einem ersten Schritt die Existenz der Gutsbesitzer in der SBZ beendet worden war, stand nun der nächste Schritt an. Dabei sollten all jene in den Fokus des Geschehens rücken, die nicht zu den »werktätigen« Bauern zählten.

54   Zitiert nach: ebd., S. 429.

Die Propaganda für den »werktätigen Bauern« war allgegenwärtig,
MAS Görsdorf 1950.

4 Zwischen Bodenreform und Kollektivierung (1948–1952)

4.1 »Große« und »kleine« Politik: Kalter Krieg und Klassenkampf

Seit dem Ende des Zweiten Weltkrieges hatte es zwischen der Sowjetunion und den West-Alliierten USA, Großbritannien und Frankreich zunehmende Spannungen gegeben. Gleichwohl bemühten sich alle Seiten, einen gewissen Grundkonsens zu wahren. Das diente nicht zuletzt den eigenen Interessen, denn viele der offenen Fragen ließen sich nur in gegenseitiger Absprache klären. Im Potsdamer Abkommen vom August 1945 hatte man sich endgültig darauf geeinigt, dass jede Besatzungsmacht in ihrer Zone die Regierungsgewalt ausüben würde. Allerdings sollten alle Belange, die Deutschland als Ganzes betrafen, gemeinsam behandelt werden. Für derartige Zwecke wurde der Alliierte Kontrollrat geschaffen, der als oberste Entscheidungsinstanz fungierte. Doch von Anbeginn war sein Wirken problembehaftet. Zwar waren sich alle Vertreter über die grundlegenden Ziele der Deutschlandpolitik, insbesondere Demokratisierung, Entnazifizierung und Demilitarisierung des Landes, einig, doch wie genau dies geschehen müsste, war und blieb umstritten. Da die Siegermächte in ihrem Einflussgebiet jeweils ihr eigenes politisches System zu installieren versuchten, waren Konflikte vorgezeichnet. Und diese Konflikte verschärften sich sehr schnell. Der Kalte Krieg zog herauf.

Das Jahr 1947 markierte dabei einen ersten Höhepunkt. Das Scheitern der Moskauer Außenministerkonferenz im Frühjahr, die Verkündung von Truman-Doktrin und Marshallplan, die bereits im Januar erfolgte Gründung der Bizone aus amerikanischer und britischer Besatzungszone und die äußerst widersprüchliche Deutschlandpolitik der Sowjetunion zeigten mit aller Deutlichkeit, dass es für eine gesamtdeutsche Entwicklung nur sehr begrenzte Spielräume gab. Spätestens als die Sowjetunion am 20. März 1948 den Alliierten Kontrollrat verließ und dessen Existenz damit faktisch beendete, deuteten alle Zeichen auf eine zweistaatliche Entwicklung hin.

Nur wenige Wochen später, am 8. Mai 1948, wurde auch die SED-Spitze davon in Kenntnis gesetzt, dass die Politik bezüglich der SBZ nun eine neue Richtung einschlagen würde. Sergej Tulpanow, Chef der Verwaltung für Information und Leiter des Parteiaktivs der KPdSU im SMAD-Apparat, erklärte gegenüber der Parteiführung, »faktisch« sei »eine Aufteilung Deutschlands in zwei Teile, welche sich nach verschiedenen Gesetzen entwickeln, zustande gekommen.« In der sowjetischen Besatzungszone würde nun »eine Entwicklung nach dem Typ der neuen Demokratien« erfolgen, wobei die SED »eine herrschende staatliche Stellung einnehme« und »faktisch an der Macht« sei. Forciert wurden derartige Bestrebungen durch einen Konflikt zwischen der Sowjetunion und Jugoslawien, in dessen Folge Stalin die bis dahin gültige These von den unterschiedlichen Wegen zum Sozialismus widerrief und die Sowjetunion zum alleinigen Modell für die besetzten Staaten erhob.[55]

Die SED, insbesondere die in Moskau geschulten Kader, begrüßten diese Forderung emphatisch. Die veränderten Rahmenbedingungen erlaubten es nun endlich, die seit 1944 aus taktischen Gründen auferlegte Zurückhaltung abzuwerfen und das Maximalprogramm gesellschaftlicher Umgestaltung in einem absehbaren Zeitraum zu realisieren. Sofort ging man daran, Partei und Staat auf die neuen Erfordernisse einzustellen. Mit der Umgestaltung der SED, die 1946 aus einem erzwungenen Zusammenschluss von KPD und SPD hervorgegangen war, zur »Partei neuen Typs« verschwanden sozialdemokratische Einflüsse weitgehend, jede Kritik an der Führung wurde unterbunden und neben Marx und Engels

---

55 Hermann Weber, Geschichte der DDR, München 2000, S. 91–101. Zitate in: Badstübner/Loth, Wilhelm Pieck, S. 216–227.

Die SED hat unter der Landbevölkerung kaum Zulauf.
Umso stärker wirbt sie als Partei der Bauern.

galten fortan auch Lenin und Stalin als grundlegende Theo-
retiker für die weitere gesellschaftliche Entwicklung.

Um den Einfluss der bürgerlichen Parteien zu beschneiden
und bisher unberücksichtigte Bevölkerungsteile zu mobili-
sieren, wurden in Abstimmung mit der SMAD zwei neue
Vereinigungen gegründet: die Demokratische Bauernpartei
Deutschlands (DBD) und die Nationaldemokratische Partei
Deutschlands (NDPD).

Auf ökonomischem Gebiet schlug sich die Kursänderung
sichtbar in einem Punkt nieder: der Planwirtschaft. Nachdem es bereits 1948 einen ersten Halbjahresplan gegeben hatte,

Planwirtschaft auf dem Lande (1955), Originalbildunterschrift von ADN:
»Im Wilhelm-Pieck-Aufgebot wetteifern gegenwärtig die Traktoristen und
Werkstattarbeiter der MTS Magdeburg-Süd, um die vorzeitige Planerfüllung bis zum 21. Dezember, dem Geburtstag Stalins. Grundlage dieses
Wettbewerbes ist ein von der Leitung ausgearbeiteter Plan, der vorsieht, in
57 Tagen die restliche Planauflage sowie sämtliche Verträge der Station zu
erfüllen.«

verfestigten sich derartige Bestrebungen mit dem Zweijahres-
plan 1949/50, über den im Parteivorstand der SED entschieden wurde. Mit dem Übergang von der selektiven zur allumfassenden Wirtschaftslenkung nach sowjetischem Vorbild
zielte die Parteiführung auf eine Durchdringung aller ökonomischen Bereiche ab, wie es sie bisher noch nicht gegeben
hatte. »Planwirtschaft«, so lautete jetzt die Maxime, »ist das
Gegenteil der kapitalistischen Marktwirtschaft. Planwirtschaft
ist nur denkbar als sozialistische Bedarfswirtschaft, wo die
Produktion von oben bis unten, von vorn bis hinten durch
Pläne ergänzt wird, wo jeder Wirtschaftsvorgang, Rohstoff-

beschaffung, Transport, Verarbeitung im Betrieb, Absatzregelung durch Pläne vorher bestimmt wird.«[56]

Voraussetzung für eine direktive Wirtschaftsplanung war der möglichst umfassende Zugriff auf die Produktionsmittel. Dies galt umso mehr, als es sich um eine »sozialistische« Planung handeln sollte. Mit dem Volksentscheid in Sachsen war die Industrie bereits 1946 verstaatlicht worden, doch noch immer gab es einen Bereich, der nahezu ausschließlich vom Privateigentum getragen wurde: die Landwirtschaft. Zwar waren durch die Bodenreform die Eigentümer der Großgüter vertrieben, doch erhöhte das die Zahl der Hofstellen noch: mehr als 855 000 existierten landesweit.

Lenin hatte unmissverständlich betont, dass deren Inhaber die »proletarische« Staatsmacht erst nach einem »entscheidenden, schonungslosen, vernichtenden Schlag«[57] gegen die kapitalistischen »Elemente« in den Dörfern, gegen die »Kulaken«, die Großbauern, akzeptieren würden. Zugleich wäre dieser »Schlag« die Voraussetzung für weitere Schritte, die später folgen sollten. Und auch das Mittel, mit dem er zu realisieren sei, hatte Lenin benannt und Stalin im eigenen Land erprobt: den Klassenkampf. Sehr bald sollte die ländliche Gesellschaft merken, was darunter zu verstehen war und wie fest der Entschluss der SED-Führung stand, die ideologischen Vorgaben umzusetzen. Mit dem Bruch der Alliierten hatte sich das politische Klima entscheidend verändert, nun kamen diese Veränderungen in den Dörfern an.

4.2 Ziele der Transformation: Großbauern, Genossenschaften und andere

Während die Lage der Neubauern prekär blieb, erlebten viele der großflächigeren Betriebe der SBZ einen wirtschaftlichen Aufschwung. Nachdem die Besatzungsmacht in der unmittelbaren Nachkriegszeit die nationalsozialistische Total-

56 Fritz Selbmann, Demokratische Wirtschaft. Drei Vorträge, Dresden 1948, S. 96. Allg. zur Wirtschaft der DDR siehe: André Steiner, Von Plan zu Plan. Eine Wirtschaftsgeschichte der DDR, München 2004.

57 Lenin, Ursprünglicher Entwurf, S. 146.

Bauern die HO kommt zu Euch

Wir bringen Euch die Erzeugnisse der Werktätigen unserer Betriebe: Industriewaren und Textilien - gebt ihnen dafür Schlachtschweine zum 3¼fachen Erzeugerpreis

Gemeinsam leisten wir einen Beitrag zür Erfüllüng ünseres Planes ünd für den Kampf üm den Frieden!

Wir kommen am

Die 1948 gegründete Handelsorganisation (HO) versuchte offensiv, die Fleischproduktion durch Warentausch und vorteilhafte Preise zu steigern.

ablieferungspflicht für landwirtschaftliche Produkte aufgehoben und durch eine Teilablieferungspflicht ersetzt hatte, war es vor allem die Einführung eines doppelten Preissystems im Sommer 1946, die den effektiv wirtschaftenden Betrieben Gewinnmöglichkeiten eröffnete. Ein in Abhängigkeit von der Anbaufläche berechneter Teil der Erträge, die so genannte »Pflichtablieferung«, musste nun zu niedrigen Festpreisen an den Staat geliefert werden, während die darüber hinaus erzeugten Produkte, die »freien Spitzen«, zu sehr viel höheren Marktpreisen verkauft werden konnten. Auf diesem Wege sollten Produktionsanreize geschaffen und die Ernährung der Bevölkerung möglichst schnell verbessert werden.

Da insbesondere die altbäuerlichen Wirtschaften mit mehr als 20 Hektar Nutzfläche über eine gute Ausstattung mit Betriebsmitteln verfügten und ihre Inhaber zumeist auf fundierte agrarwirtschaftliche Kenntnisse zurückgreifen konnten, gelang es vor allem ihnen, von diesem System zu profitieren.

Unter den Vorzeichen der anstehenden Veränderungen nutzte die zur Staatspartei gemauserte SED propagandistisch nun ausgerechnet diese Erfolge als Vorwand, um gegen die »Großbauern« vorzugehen. Da sie ohnehin als Klassenfeinde der »werktätigen« Berufsgenossen zählten, hatte es schon seit längerer Zeit Bemühungen gegeben, sie in ihrer Wirtschaftsführung einzuschränken. Doch was jetzt kam, übertraf alles Bisherige bei weitem. Die Großbauern wurden für die schlechte Versorgungslage verantwortlich gemacht. Pauschal wurde ihnen eine Nähe zum NS-Regime unterstellt und ihr Arbeiten als ausbeuterisch diffamiert, da es zudem auf die Sabotage der klein- und mittelbäuerlichen Betriebe abziele. In den weitgehend gleichgeschalteten Medien brach daraufhin eine Diffamierungskampagne los: »Es ist nicht nur die Pflicht der SED, sondern aller aufbauwilligen Kräfte, die Interessen der Klein- und Mittelbauern gegen jene Großbauern zu unterstützen, die von den werktätigen Bauern hohe Getreideabgaben für die Benutzung der Dreschkasten fordern oder andere ausbeuterische Maßnahmen durchführen.«[58] Im Umkehrschluss hieß das, dass diejenigen, die sich noch für die Belange der Großbauern einsetzten, nicht »aufbauwillig« und deshalb ebenfalls mit Sanktionen zu belegen seien.

Welch drastische Folgen sich daraus ergeben konnten, zeigte sich etwa Ende des Jahres 1951 im kleinen Dorf Dähre in der

---

58 Walter Ulbricht, Was wir wollen, in: Ders., Bauernbefreiung, Bd. I, Berlin 1961, S. 180 (ursprünglich veröffentlicht in: Neues Deutschland, 28. 12. 1948).

Altmark. Die Gemeinde war von der SED-Administration ausgewählt worden, um ein Exempel gegen die Großbauern zu statuieren und zugleich die Bereitschaft zur Abgabe der Pflichtablieferungen unter den Produzenten zu erhöhen. Dazu benannte der Landwirtschaftsminister Sachsen-Anhalts, ein Mitglied der SED, zwei zu verurteilende Bauern und legte schon vor Prozessbeginn die zu verhängende Strafe fest. Im Fall des Betroffenen aus Dähre hatten offizielle Stellen zuvor »größere Wild-, Nässe- und Saatgutschäden« anerkannt, die wesentlich zu den aufgelaufenen Ablieferungsrückständen beitrugen. Doch in Zeiten des Klassenkampfes zählten derartige Befunde nicht mehr, mit einem öffentlichen Schauprozess im Dorf sollte die »sabotierende Tätigkeit« des Großbauern belegt werden. Um die erhoffte Wirkung auch tatsächlich zu erzielen, wurde die Dorfbevölkerung zusammengerufen; ca. 30 bis 40 Personen verfolgten den Schauprozess im alten Schulgebäude. Bereits während der Verhandlung kam es zu aktiven Unmutsbekundungen der Bevölkerung. Das Urteil war schlicht skandalös, entsprach aber der politischen Linie: 18 Monate Haft und 1000 Mark Geldstrafe. Als der Verurteilte abgeführt werden sollte, kam es zu Widerstand; die Dorfbevölkerung erzwang seine Freilassung. Im Folgejahr wurden deswegen vier Einwohner zu Haftstrafen bis zu dreieinhalb Jahren verurteilt.[59]

Die Ereignisse in Dähre zeigen exemplarisch, mit welcher Härte nun gegen die vermeintlichen Klassengegner vorgegangen wurde. Nicht mehr nur Propaganda, sondern handfeste Aktionen bestimmten das Tagesgeschehen. Die Landbevölkerung, der die Kommunisten ohnehin seit jeher misstrauten, sollte dazu erzogen werden, die Lage in den Dörfern »richtig« einzuschätzen; das hieß vor allem, die marxistisch-leninistischen Theorien zu akzeptieren. Diese hatten mit den Realitäten oft nur sehr wenig zu tun, wie am Beispiel Dähres deutlich zu sehen ist. Doch davon ließ sich die selbst ernannte

---

59 Ausführliche Schilderung des Falls in: Falco Werkentin, Politische Strafjustiz in der Ära Ulbricht, Berlin 1995, S. 75–79.

Die staatliche Kontrolle der Bauern war umfassend. Zugleich dokumentiert der Viehhaltebescheid, dass es aufwärts ging mit der privaten Produktion.

»Avantgarde« der Arbeiterklasse nicht abschrecken. Auf allen Ebenen wurde jetzt daran gearbeitet, die Realität an die Weltanschauung anzupassen.

Es war kein Zufall, dass immer mehr Großbauern trotz funktionierender Betriebe mit ihren Ablieferungen in Rückstand gerieten. Die SED-Führung wirkte intensiv darauf hin, die Rahmenbedingungen so zu gestalten, dass sich daraus genau solche Probleme ergeben mussten. Insbesondere die Hektarveranlagung für tierische Produkte, die am 1. Januar 1949 in Kraft trat, benachteiligte großflächige Betriebe nachhaltig, da die abzuliefernden Mengen an Milch, Eiern, Fleisch usw. nun nicht mehr in Abhängigkeit vom tatsächlich gehaltenen Vieh, sondern von der Betriebsgröße festgelegt wurden. Dies galt auch für die einen Monat zuvor verabschiedete Steuerreform, durch die der Steuersatz je Hektar für Großbauern den der Kleinbauern um bis zu 30 Prozent überstieg. Das Anfang 1950 in Kraft getretene »Gesetz zum Schutz der Arbeitskraft der in der Landwirtschaft Beschäftigten« führte unmittelbar zu einer Verknappung und damit Verteuerung der Landarbeiter, auf deren Mitarbeit vor allem die größeren Betriebe angewiesen waren. Als wichtigstes Mittel im ökonomischen Kampf gegen die Großbauern erwies sich aber die fortschreitende Ausdifferenzierung der Pflichtablieferungen. Zwar erfassten die mannigfaltigen Erhöhungen des Ablieferungssolls alle Betriebsgrößen, jedoch in äußerst unterschiedlichem Maß. Landwirte mit mehr als 50 Hektar Nutzfläche mussten 1949 schon mehr als das Doppelte, 1950 gar die dreifache Menge je Hektar abliefern, als dies bei Kleinbauern mit weniger als fünf Hektar der Fall war. Bis 1952 erhöhte sich das Ablieferungssoll bei tierischen Produkten für Bauern mit mehr als 20 Hektar um nahezu 300 Prozent. Zugleich wurden sie bei der Zuteilung von Betriebsmitteln ebenso benachteiligt wie bei der Nutzung der während der Bodenreform enteigneten Technik.[60]

Unter diesen Umständen waren Schwierigkeiten bei der Wirtschaftsführung in vielen Fällen nicht zu vermeiden. Diese wiederum wurden von den verantwortlichen Funktionären skrupellos genutzt, um die Bauern wegen der aufgelaufenen Sollrückstände zu kriminalisieren und der neuen Ordnung mit Hilfe von öffentlichen Prozessen zum Durchbruch zu verhelfen. Zugleich wurden die Großbauern aus gesellschaftlichen Führungspositionen gedrängt. Die Zerschlagung der traditionellen Raiffeisengenossenschaften trug dazu ebenso bei wie die stark anti-großbäuerliche Politik der DBD.[61]

Dieser existenziell geführte Klassenkampf blieb selbstverständlich nicht ohne Folgen. Allein in den drei Jahren vor der Kollektivierung gaben 5000 Großbauern ihre Höfe auf und verließen die DDR zumeist in Richtung Bundesrepublik. Hinzu kamen die Verurteilten, deren Zahl beständig stieg. Mehr als zehn Prozent aller großbäuerlichen Betriebe

60 Zahlenangaben nach: Bauerkämper, Ländliche Gesellschaft, S. 143.
61 Theresia Bauer, Blockpartei und Agrarrevolution von oben. Die Demokratische Bauernpartei Deutschlands 1948–1963, München 2003, S. 311–316.

Die Ablieferungspflichten der Bauern waren genau geregelt und wurden mit Ablieferungsbescheinigungen dokumentiert.

wurden auf diese Weise der landwirtschaftlichen Produktion entzogen, denn eine effektive Bewirtschaftung der so genannten »devastierten« Flächen war keineswegs gewährleistet. Eines der Grundziele der SED-Agrarpolitik, bis 1950 wieder die Produktionsergebnisse aus der Zeit vor dem Zweiten Weltkrieg zu erreichen, scheiterte auch deshalb grandios. Alles in allem wurden lediglich 70 Prozent der »Friedenshektarerträge« erreicht.[62] Doch das wurde von Seiten der Machthaber billigend in Kauf genommen, genau wie der Verlust von Fachkräften, die eigentlich dringend gebraucht wurden.

62   Steiner, Von Plan zu Plan, S. 69.

Der »verschärfte Klassenkampf«, den die SED-Führung ziel-
strebig inszeniert hatte, richtete sich aber nicht nur gegen
die Großbauern, sondern auch gegen jene Personen und Institutionen, die im Verdacht standen, mit der aufzubauenden
Ordnung nicht übereinzustimmen. Bürgerliche Akade-
miker wurden aus den Universitäten gedrängt, parteinahe
Experten zur gegenseitigen Bespitzelung verpflichtet und
selbst die Agrarwissenschaften entsprechend der sowjetischen Vorgaben modifiziert.[63] Die landwirtschaftlichen
Verwaltungen, Vereine und Verbände wurden »gesäubert«
und unabhängige Funktionsträger durch politisch zuver-
lässige ersetzt.

Besonders hart traf es das traditionelle Genossenschaftswesen, dem unter anderem der Handel mit ländlichen Waren
und Produkten, deren Verarbeitung, das Kreditgeschäft und
weitere Dienstleistungen oblagen. Mit seinen Grundsäulen
Selbsthilfe, Selbstbestimmung und Selbstverwaltung stand
es dem totalitären Herrschaftsanspruch der SED diametral
entgegen, hatte seine Geschäftsfelder zunächst aber aus-
bauen können. Das lag vor allem an der spezifischen Inter-
essenlage der sowjetischen Besatzungsmacht, die mit Hilfe
des genossenschaftlichen Sektors den privaten Landhandel
zurückzudrängen gedachte. In ihrem Moskauer Exil hatte
auch die KPD-Führung dem Genossenschaftswesen eine
zentrale Rolle zugedacht. Neben den bisherigen Aufgaben sollte es die Verteilung der vom Staat bereitgestellten
Kredite und Produktionsmittel in den Dörfern abwickeln
und über die eigenen Maschinenhöfe die gemeinschaftliche
Verwendung der Landmaschinen für die Neubauern orga-
nisieren. Noch im August 1945 herrschte im Parteivorstand
diesbezüglich eine ungebrochene Euphorie: »Es bleibt dabei,
Genossen, das ländliche Genossenschaftswesen ›Raiffeisen‹
bietet uns Möglichkeiten, schneller und gründlicher in die

---

63 Einen besonders bizarren Fall beschreibt: Peter E. Fäßler, Freiheit der
 Wissenschaft versus Primat der Ideologie – die Irrlehren Trofim D.
 Lyssenkos und ihre Rezeption in der sowjetischen Besatzungszone
 (SBZ) bzw. DDR, in: Kluge/Halder/Schlenker, Zwischen Boden-
 reform und Kollektivierung, S. 177–194.

Kreise der werktätigen Bauern und werktätigen Schichten auf dem Lande vorzustoßen, und diese Möglichkeiten müssen wir ausnutzen.«[64]

Doch das Blatt wendete sich schnell. Je mehr sich zeigte, dass die Raiffeisenorganisation ihre Eigenständigkeit zu wahren versuchte, um so mehr wurde über Alternativen nachgedacht. Zwar galt das Genossenschaftswesen, das in alter Manier »die Förderung des Erwerbes oder der Wirtschaft ihrer Mitglieder mittels gemeinschaftlichen Geschäftsbetriebes«[65] verfolgte, wegen der sowjetischen Interessen vorerst als unantastbar, doch das konnte sich jederzeit ändern. Bereits im Zusammenhang mit der Bodenreform wurden daher erste Schritte unternommen, die auf eine Einengung der genossenschaftlichen Geschäftsfelder abzielten. So wurden auf Anweisung aus Berlin in den Dörfern leicht zu instrumentalisierende »Bauernkomitees der gegenseitigen Hilfe« geschaffen, mit deren Hilfe die Bündnispolitik nun vorangetrieben werden sollte. Sie, nicht die Genossenschaften, übernahmen die beschlagnahmten Maschinen und Geräte sowie auch alle enteigneten kleineren Verarbeitungsbetriebe agrarischer Produkte. Aus ihren Maschinenhöfen sollten die MAS, später die Maschinen-Traktoren-Stationen (MTS) entstehen, die als »Stützpunkte der Arbeiterklasse auf dem Lande« galten und bedingungslos der Agrarpolitik von KPD bzw. SED untergeordnet waren. Schon 1945 waren somit erste Parallelstrukturen zu den Raiffeisengenossenschaften entstanden, weitere folgten.[66]

In Folge der Entwicklungen von 1947/48 ließ die SMAD das traditionelle Genossenschaftswesen fallen, das damit dem

---

64 Referat des Genossen Kellermann in der Sitzung des erweiterten Sekretariats vom 31. August 1945, in: Günter Benser/Hans-Joachim Krusch (Hrsg.), Dokumente zur Geschichte der kommunistischen Bewegung in Deutschland, Reihe 1945/1946, Bd. 2: Protokolle der erweiterten Sitzungen des Sekretariats des Zentralkomitees der KPD Juli 1945 bis Februar 1946, München 1994, S. 20–27, hier S. 27.

65 Genossenschaftsgesetz in seiner gültigen Fassung vom 1. Mai 1889, Paragraph 1.

66 Vgl. Jens Schöne, Landwirtschaftliches Genossenschaftswesen und Agrarpolitik in der SBZ/DDR 1945–1950/51, Stuttgart 2000.

Nicht nur die Verwaltung von Maschinen, sondern auch die Erziehung der Bauern im Geiste Stalins war Aufgabe der Maschinen-Ausleih-Stationen, MAS Bannewitz, 1949.

Machtanspruch der SED unmittelbar ausgeliefert war. Die Durchsetzung einer zentralen Planwirtschaft bei gleichzeitigem Bestehen eines unabhängigen Genossenschaftsnetzes war undenkbar. Zudem waren die Führungspositionen in den Dörfern zumeist mit alteingesessenen, erfolgreichen Bauern besetzt – und das waren vielfach die Großbauern. Somit versprach der Schlag gegen die Genossenschaften auch die Zurückdrängung derjenigen, die nun ohnehin bekämpft werden sollten.

Man hatte sich in der SED-Spitze seit geraumer Zeit auf die Übernahme der Genossenschaften vorbereitet, und nun ging es Schlag auf Schlag. In Pressekampagnen wurde die Raiffeisenorganisation als »undemokratisch« gegeißelt, in die Nähe des NS-Regimes gerückt und ihre Umwandlung in Dorfgenossenschaften nach sowjetischem Vorbild gefordert. Es blieb jedoch nicht bei publizistischen Angriffen. Was folgte, war der planmäßige Entzug der Geschäftsgrundlagen. Im November 1948 verfügte die Deutsche Wirtschaftskommission auf direkte Anweisung der SED-Spitze die Eingliederung aller genossenschaftlichen Reparaturwerkstätten sowie nahezu aller Maschinen und Geräte in die MAS. Wenige Monate später wurde die Vereinigung Volkseigener Erfassungs- und Aufkaufbetriebe (VVEAB) gegründet, die den Genossenschaften schrittweise das ländliche Handelsmonopol entzog.

Zeitgleich mit der ökonomischen Eindämmung des Genossenschaftswesens trieb die SED dessen organisatorische Neustrukturierung voran. Ohne Auftrag von genossenschaftlicher Seite schuf sie 1949 einen Spitzenverband, dessen Gründung bisher aufgrund eines sowjetischen Befehls unterblieben war. Mit parteinahen Funktionären besetzt, sollte er vor allem die Umwandlung der Spezial- in Universalgenossenschaften vorantreiben und in diesem Zusammenhang die Mehrzahl der lokalen wie regionalen Funktionäre austauschen. Dagegen regte sich überall im Land massiver Widerstand, der mit umfassenden Repressionsmaßnahmen beantwortet wurde. Höhepunkte bildeten zwei Schauprozesse in Güstrow und Erfurt, in deren Rahmen »Raiffeisen-Verbrecher«, wie es jetzt hieß, zu Zuchthausstrafen von bis zu 15 Jahren verurteilt wurden. Schon vor Prozessbeginn hatte die gleichgeschaltete Presse verkündet, dass es für die angeklagten »Handlanger der faschistischen Machthaber« keine Milde geben würde, da »sie Brandstifter sind an einem Haus, in dem wir glücklich und ohne Sorgen leben wollen«[67]. Auch hier diente der vermeint-

---

67 Vom Volke angeklagt: Heute beginnt in Güstrow der Prozess gegen Junkeragenten und Helfershelfer der anglo-amerikanischen Kriegstreiber in den landwirtschaftlichen Genossenschaften Mecklenburgs, in: Landes-Zeitung. Organ der Sozialistischen Einheitspartei Deutschlands für Mecklenburg, 10. Juli 1950, S. 1.

liche Antifaschismus der SED lediglich als Legitimation für die Durchsetzung undemokratischer Machtansprüche.

Den Todesstoß erhielt die Raiffeisenorganisation am 20. November 1950. Auf der zuvor von der SED-Führung inthronisierten Spitzenebene wurde die Verschmelzung des Genossenschaftsverbandes mit der Zentralvereinigung der gegenseitigen Bauernhilfe bekannt gegeben. Die Vereinigung der gegenseitigen Bauernhilfe (VdgB) war aus den ab 1945 gegründeten Bauernkomitees hervorgegangen, eng an die SED angebunden und unterlag als Massenorganisation kommunistischen Organisationsprinzipien. Damit war sie bestens geeignet, die Reste der genossenschaftlichen Selbstständigkeit zu tilgen und diese endgültig auf die Agrarpolitik der SED einzuschwören. Auch wenn es öffentlich anders begründet wurde, war dies das eigentliche Ziel der politischen Entscheidungsträger. Bereits Mitte 1948 war dazu eine Anweisung an Parteifunktionäre ergangen, die keinerlei Zweifel an den Absichten aufkommen ließ: »Die in den landwirtschaftlichen Genossenschaften tätigen Parteimitglieder müssen deshalb deren Politik den in der sowjetischen Besatzungszone vorhandenen sozialen Bedingungen anpassen, die Genossenschaften mit dem Geist des Marxismus und Leninismus durchdringen und die Änderung ihrer Arbeitsmethoden herbeiführen.«[68] Spätestens im November 1950 war das gelungen.

In weniger als drei Jahren war so mit Hilfe des »verschärften Klassenkampfes« der SED die größte berufsständische Vereinigung der Landwirtschaft weitgehend der Kontrolle durch die Parteiführung unterworfen und ein wichtiger Teil des ländlichen Wirtschaftsgefüges seiner Eigenständigkeit beraubt worden. Zugleich hatte die Monopolpartei damit die Kontrolle über einen beträchtlichen Teil der landwirtschaftlichen Maschinen und Geräte sowie über den Distributionsapparat erlangt und auf diesem Wege auch ihre Einflussmöglichkeiten auf die Masse der Produzenten gestärkt. All dies sollte sich als

---

68 Richtlinien für die Arbeit der SED-Mitglieder in den landwirtschaftlichen Genossenschaften, 5. 7. 1948, in: SAPMO-BArch, DY 30/IV 2/7/289, Bl. 59–65, hier Bl. 60.

wichtige Voraussetzung für die »Vergenossenschaftlichung« unter kommunistischen Vorzeichen erweisen, denn die Entdifferenzierung des ländlichen Wirtschaftsgefüges kam der Zielstellung einer kollektivierten, zentral gelenkten Agrarwirtschaft eindeutig entgegen.

Der Klassenkampf der Jahre 1948 bis 1952 hatte die ländliche Gesellschaft wesentlich verändert. Die Großbauern wurden zunehmend aus ihren angestammten Führungspositionen verdrängt und durch neue, systemnahe Funktionäre ersetzt, deren fachliche Qualifikation selten besser war als die ihrer Vorgänger. Das ländliche Handels-, Verarbeitungs- und Kreditwesen war ebenfalls unter Kontrolle der SED gebracht und wurde in wachsendem Ausmaß in die Planwirtschaft integriert. Glaubte man den offiziellen Verlautbarungen, so geschah all dies zum Wohle des Volkes, und die »einzelnen und in komplizierter Weise miteinander verflochtenen Entscheidungs- und Entwicklungsvorgänge verdeck[t]en die Dominanz des absoluten Herrschaftsanspruches der politischen Führung über Landbevölkerung und Landwirtschaft«[69] zudem in vielen Fällen. Doch die Agrarpolitik der SED-Spitze, die daraus resultierende Not vieler Neubauern, die zunehmende Landflucht der Großbauern und die zu langsam wachsenden Produktionsergebnisse verlangten zunehmend nach einer durchgreifenden Lösung, zumal die Bundesrepublik als permanente Referenzgesellschaft auf deutlich günstigere Entwicklungen verweisen konnte und immer mehr DDR-Bürger anzog. Damit aber gingen dringend benötigte Arbeitskräfte verloren. Zudem stand der erste Fünfjahrplan an, der zwischen 1951 und 1955 eine Steigerung der Hektarerträge um durchschnittlich 25 Prozent vorsah. Wenn die SED ihre Herrschaft sichern wollte, musste sie die Landwirtschaft endlich in den Griff bekommen. Die Frage war daher, was als Nächstes kommen würde.

---

69 Ulrich Kluge, Zusammenfassung: Der missratende Anfang, in: Ders./Halder/Schlenker, Zwischen Bodenreform und Kollektivierung, S. 277–287, hier S. 286.

5 Die Kollektivierung (1952–1960/61)

5.1 Sowjetischer Impuls und deutscher Elan

Schon seit 1945 waren die Gerüchte in den Dörfern nicht mehr verstummt, die besagten, dass es in der sowjetischen Besatzungszone eine »zweite Bodenreform« geben würde: die Kollektivierung aller einzelbäuerlichen Betriebe. Am 24. April 1952 dementierten das die Medien der DDR zum wiederholten Male: »Das Geschwätz von einer angeblichen Kollektivierung ist also abermals als Lügenparole entlarvt, die keinen gescheiten Bauern mehr darin beirren kann, daß unsere demokratische Regierung eine richtige Landwirtschaftspolitik betreibt, die ihm wachsenden Wohlstand sichert, die ihn fördert, ihn vor Übervorteilung schützt und seine volkswirtschaftliche Leistung voll anerkennt.«[70] Diese Aussage hatte mindestens zwei Fehler: Weder war die Regierung der DDR demokratisch gewählt, noch hatte sie vor, die Bauern zu »schützen«. Denn das Gegenteil war zu diesem Zeitpunkt bereits beschlossen.

Immer wieder war zuvor von SED-Funktionären intern bemängelt worden, dass es im Bereich der Landwirtschaft »kaum sozialistische Tendenzen«[71] gäbe. Das konnte aber schon allein deshalb nicht verwundern, weil Stalin 1948 den Aufbau einer antifaschistisch-demokratischen Ordnung, ausdrücklich jedoch nicht den Sozialismus auf die Tagesordnung gesetzt hatte. Nach wie vor sollten gesamtdeutsche Spielräume offen gehalten und die Abgrenzung zwischen den Besatzungszonen überschaubar gestaltet werden. Ein allzu offensichtlicher Sozialismus-Kurs in der SBZ bzw. DDR hätte diesem Ansinnen nachhaltig geschadet. Als die Sowjetunion nach den Scheitern der Stalin-Noten vom Frühjahr 1952 jedoch erkennen musste, dass ihr Einfluss auf die Westzonen ohnehin verschwindend gering war, änderten sich die

---

70 Kein Mitschleppen mehr von verlotterten Bauernwirtschaften, in: Neues Deutschland, 24. 4. 1952, S. 5.

71 Aktennotiz für Heinrich Rau, Vizepräsident der Provinzialverwaltung Brandenburg, vom 12. Juli 1946, in: Brandenburgisches Landeshauptarchiv (BLHA), Rep. 208, Nr. 2424, Bl. 39.

Vorzeichen. Nun sollte das sowjetische Modell stärker denn je auf die DDR übertragen werden, nun war der Weg zum sozialistischen Dorf frei.

Initialzündung war dafür abermals eine Reise der SED-Spitze nach Moskau. Anfang April fanden ebendort mehrere Gespräche statt, in deren Rahmen Stalin höchstpersönlich die weiteren Schritte vorgab. Zwar betonte er, dass »es auch jetzt nicht nötig ist, lauthals vom Sozialismus zu reden.« Doch für die Agrarwirtschaft der DDR, deren Einzelheiten er kaum überblickte, fügte er unmissverständlich hinzu: »Produktionsgenossenschaften sind ein Stück Sozialismus.«[72] Diese Produktionsgenossenschaften sollten nun geschaffen werden, die Kollektivierung in den ländlichen Gemeinden Einzug halten.

Es kann also kein Zweifel daran bestehen, dass der Beginn der »Vergenossenschaftlichung« von Moskau verordnet wurde. Da dieser Schritt aber ohnehin im Erwartungshorizont der SED-Führung verankert war, machte sich diese unmittelbar daran, die wenig überraschenden Vorgaben in die Tat umzusetzen. Damit schien nicht nur die Erfüllung der ideologischen Vorgaben gewährleistet, sondern zugleich auch ein Ausweg aus der agrarwirtschaftlichen Misere eröffnet. Denn nur die sozialistische Großproduktion, so hatten es Marx, Engels und Lenin gelehrt, würde zu einer nachhaltigen Produktionssteigerung führen, und die politische Führung in Ost-Berlin glaubte daran ohne eine Spur von Zweifel.

Nach Rücksprachen mit sowjetischen Behörden vor Ort, internen Klärungsprozessen und logistischen Vorbereitungen rückte die Kollektivierung am 3. Juni 1952 erstmals auf die Tagesordnung des SED-Politbüros und wurde damit zum unmittelbaren Politikziel. Eingebettet war diese Entwicklung in viele weitere Maßnahmen, die den Aufbau des Sozialismus forcieren sollten: Die Grenzen zur Bundesrepublik wurden abgeriegelt, die Länderstruktur aufgehoben, neuerliche Parteisäuberungen vorbereitet und die Aufrüstungsbemühungen

---

72 Wladimir K. Wolkow, Die deutsche Frage aus Stalins Sicht (1947–1952), in: Zeitschrift für Geschichtswissenschaft, 48 (2000), S. 20–49, Zitate S. 46.

massiv verstärkt.[73] Die Kollektivierung der Landwirtschaft war damit nur ein Teil der anstehenden Transformation von Wirtschaft und Gesellschaft, doch wie sich alsbald herausstellen sollte, war sie ein überaus wichtiger Teil.

Nur einen Tag nach der erwähnten Politbürositzung berief die SED-Führung eine Tagung mit all ihren Kreissekretären ein und erläuterte dort die neuen Aufgaben. Entgegen der bisherigen Praxis sollten Zusammenschlüsse von Landwirten in den Dörfern nun gefördert und in Produktionsgenossenschaften nach den Maximen des Marxismus-Leninismus umgewandelt werden. Dies müsse in einem »Prozeß des Kampfes« erfolgen, doch dürfe die SED dabei offiziell nicht in Erscheinung treten. Noch sollte über den Aufbau des Sozialismus nicht gesprochen, doch die notwendigen Voraussetzungen in den Dörfern bereits geschaffen werden: »Das ist sozusagen der Anfang, weiter gar nichts, es ist auch nicht zweckmäßig, daß wir die Probleme der Weiterentwicklung der Produktionsgenossenschaften jetzt besprechen oder jetzt diskutieren.«[74] Zunächst sollten, vermeintlich ohne Einfluss der Partei, einige Beispiele geschaffen werden, die dann den Ausgangspunkt für eine flächendeckende Einführung der LPG bilden würden. Wie schon bei der Bodenreform sollte die Kollektivierung als scheinbar basisdemokratischer Prozess inszeniert werden. Und wie bei der Bodenreform schlug dieser Versuch letztlich fehl.

Tatsächlich gab es in den Dörfern der DDR ein gewisses Potenzial an landwirtschaftlichen Produzenten, die derartigen Ansinnen der SED offen gegenüberstanden. Wie die vielfältigen Allianzen der Neubauern seit dem Kriegsende gezeigt hatten, sah man in genossenschaftsähnlichen Zusammenschlüssen durchaus einen gangbaren Weg, um das wirtschaftliche Überleben zu sichern. Auf derartige Bestrebungen griffen die Parteifunktionäre nun zurück, instrumentalisierten sie für die eigenen Zwecke und machten sie auf diesem Wege zur Keimzelle der »sozialistischen« Landwirtschaft. Dabei schreckten

73 Vgl. Weber, Geschichte der DDR, S. 147–151.
74 Stenographische Niederschrift der Konferenz mit den 1. Kreissekretären am 4.6.1952, in: SAPMO-BArch, DY 30/IV 2/1.01/195, Bl. 1–131, Zitate Bl. 34, 39.

die lokalen Kader auch nicht vor abenteuerlichen Unternehmungen zurück, denn die SED sollte offiziell ja nicht in Erscheinung treten. In der Abenddämmerung wurden in Berlin ausgearbeitete Resolutionen an parteinahe Neubauern überreicht, die diese – ohne die weiteren Hintergründe zu kennen – am nächsten Tag in ihren Gemeinschaften unterzeichnen ließen und konspirativ an die Absender zurückgaben. In anderen Fällen wurden Fahrzeuge zur Verfügung gestellt, um es den Neubauern zu ermöglichen, nach Berlin zu fahren und beim dortigen Landwirtschaftsministerium wunschgemäß die Gründung von Produktionsgenossenschaften einzufordern. Von Spontaneität der Landwirte konnte dabei keine Rede sein, jede der frühen Gründungen war zentral gesteuert, doch das Verfahren funktionierte vorerst. Bis zum 18. Juni hatten bereits neun Delegationen aus allen Landesteilen beim Ministerium vorgesprochen, zahlreiche LPG befanden sich in der Gründungsphase.[75]

Wozu diese Inszenierung dienen würde, zeigte sich in den ersten Tagen des Monats Juli. In Ost-Berlin trat die II. Parteikonferenz der SED zusammen, und hier sollte der Aufbau des Sozialismus nun auch ganz offiziell zum Staatsziel erhoben werden. Ausdrücklich berief sich Walter Ulbricht vor dem Plenum auf die scheinbar spontanen Aktivitäten in den Dörfern, die verdeutlichen würden, dass nun die Zeit reif sei, um den nächsten Schritt zu gehen. Die Legitimation des sozialistischen Aufbaus zog die Parteiführung aus den selbst geschaffenen Präzedenzfällen. Abermals gerierte sie sich als Vollstreckerin des Volkswillens, doch das Volk spielte dabei bestenfalls eine kleine Nebenrolle. Die Marschrichtung war jetzt klar und niemand, so Ulbricht, solle »mit der Ausrede kommen, er habe noch die oder die Schwierigkeiten und die oder die Verpflichtungen. Es gibt keine Entschuldigungen.«[76] Doch die Schwierigkeiten sollten nicht lange auf sich warten lassen.

75 Vgl. ausführlich zum gesamten Kapitel und zu den Quellen der genannten Zahlen: Jens Schöne, Frühling auf dem Lande? Die Kollektivierung der DDR-Landwirtschaft, Berlin 2007.
76 Protokoll der Verhandlungen der II. Parteikonferenz der SED, 9. bis 12.7.1952, in der Werner-Seelenbinder-Halle zu Berlin, Berlin (Ost) 1952, S. 455.

5.2 Kollektivierung als gewaltsame Minderheitenpolitik

Als die Bezirksbehörde Dresden der Deutschen Volkspolizei im März 1953 die Zustände in den Produktionsgenossenschaften ihres Einflussbereiches untersuchte, waren die Ergebnisse ernüchternd. Der abschließende Bericht benannte eine Vielzahl von Problemen, die symptomatisch für die gegenwärtige Lage waren: In Braunsdorf beschimpften sich die LPG-Mitglieder auf einer Versammlung gegenseitig als Lumpen, Schweine und Spekulanten, in Neukirch diskutierten ehemalige Neubauern die verheerenden Zustände in der sowjetischen Landwirtschaft, die keineswegs als Vorbild tauge, in Hagenwerder trat die Jugend des Dorfes geschlossen gegen die LPG auf, in Hainewalde und Deutsch-Ossig verhinderten die Bürgermeister die Gründung einer LPG, und in Schmölln drohten Meinungsverschiedenheiten unter den Mitgliedern die örtliche Produktionsgenossenschaft zu spalten.[77] Weniger als ein Jahr nach ihrem Beginn steckte die Kollektivierung in einer veritablen Krise. Die Gründe dafür waren vielfältig.

Dabei hatte alles sehr hoffnungsfroh begonnen. Wenige Tage nach dem offiziellen Beginn der »Vergenossenschaftlichung« gab die Regierung der DDR umfangreiche Vergünstigungen bekannt, von denen die Produktionsgenossenschaften fortan profitierten. Sie konnten vorrangig die Technik der MAS bzw. MTS nutzen, Kredite wurden gestundet, die tierärztliche Versorgung erfolgte ebenso kostenlos wie die agro- und zootechnische Beratung, weitere Leistungen mussten erst nach der Ernte des Folgejahres bezahlt werden, die Belieferung mit landwirtschaftlichen Bedarfsgütern erfolgte bevorzugt, und die LPG wurden für zwei Jahre von betrieblichen Steuern befreit. Und auch die neuen Mitglieder profitierten unmittelbar von einem Beitritt. Alle Zahlungsverpflichtungen, die sich aus der Bodenreform ergaben, wurden erlassen und bestehende Steuerpflichten für das laufende Jahr um 25 Prozent gesenkt. Partei und Staat versuchten, den

---

77 Zusammenfassender Bericht über Störungsversuche und reaktionäre Tätigkeit in Versammlungen zur Gründung bzw. Festigung der LPG, 26.3.1953, in: BArch, DO 1/11/0/24, Bl. 42–46.

Gemeinwirtschaften möglichst günstige Startbedingungen zu verschaffen und den Anreiz für potenzielle Beitrittskandidaten zu erhöhen.

Die LPG-Typen

Abweichend vom sowjetischen Modell gab es in der DDR seit 1952 drei unterschiedliche LPG-Typen, die durch Musterstatuten definiert wurden. Sie unterschieden sich in zahlreichen Belangen, vor allem aber in zwei Punkten: dem »Vergesellschaftungsgrad an Produktionsmitteln« und der Entlohnung ihrer Mitglieder. In allen drei Typen blieb der Boden formalrechtlich Eigentum der Beitretenden, die darüber aber nicht mehr verfügen konnten. Den LPG-Mitgliedern wurde jedoch ein Stück Land, zumeist ein halber Hektar, als »individuelle Hauswirtschaft« zugestanden. Obwohl es über die Jahre hinweg immer wieder Veränderungen gab, blieben die Grundlagen im Prinzip die gleichen.

LPG Typ I
Gemeinsame Bewirtschaftung der Ackerflächen. Viehbestände, Maschinen und alle weiteren Gerätschaften bleiben im Besitz der LPG-Mitglieder, die über deren Nutzung entscheiden. Die Entlohnung für die Arbeit in der Produktionsgenossenschaft erfolgt zu 60 Prozent auf der Grundlage der geleisteten Arbeit, zu 40 Prozent in Abhängigkeit von der Menge des eingebrachten Bodens.

LPG Typ II
Neben den Ackerflächen werden auch Zugtiere, Maschinen und Geräte zur Bodenbearbeitung in die LPG eingebracht. Das Vieh und kleinere Gerätschaften bleiben

weiter Privateigentum der LPG-Mitglieder. Der eingebrachte Boden wird nur noch zu 30 Prozent für die Berechnung der Entlohnung herangezogen, sein Wert damit geschmälert. Dieser Typ spielte in der Praxis der DDR-Landwirtschaft kaum eine Rolle.

LPG Typ III
Bis auf die »individuelle Hauswirtschaft«, zu der hier auch eine begrenzte Zahl von Nutztieren gehört, wird die gesamte Fläche (Äcker, Wiesen, Wälder usw.) in die LPG eingebracht, ebenso alle Geräte, Maschinen und das Vieh. Tier- und Pflanzenproduktion sind damit genossenschaftlich organisiert. Der Boden schlägt sich nur noch zu 20 Prozent in der Entlohnung nieder, Mitglieder ohne derartiges Eigentum können besitzerlose Flächen der LPG erwerben und damit ebenfalls den so genannten Bodenanteil kassieren.

Doch in der Praxis zeigte sich sehr schnell, dass die einseitige Förderpolitik zu unerwarteten Nebenwirkungen führte. Denn interessant war eine LPG-Mitgliedschaft nun insbesondere für all jene, die ihr Überleben anderweitig kaum sichern konnten. Inhaber ökonomisch gesunder Betriebe hingegen sahen kaum einen Vorteil darin, ihre Wirtschaft aufzugeben und sich als abhängig Beschäftigte einer Produktionsgenossenschaft anzuschließen. Zwar wuchs die Zahl der LPG rasant an – allein im Bezirk Leipzig waren es Mitte August 1952 bereits 116 –, doch blieben sie vor allem eines: Notgemeinschaften, die zumeist nicht in der Lage waren, die Wirtschaftsführung aus eigener Kraft erfolgreich zu gestalten. Nahezu alle LPG der DDR waren Ende des Jahres 1952 zahlungsunfähig und hätten ihren Betrieb eigentlich einstellen müssen, blieben aus politischen Gründen und mit massiver Unterstützung der Partei jedoch weiter bestehen. Zudem war zu diesem Zeitpunkt deutlich geworden, dass die Mehrheit der ländlichen Bevölkerung die Kollektivierung ablehnte. Die angestrebte Überführung der inszenierten Modellbeispiele in eine Massenbewegung war gründlich gescheitert. Bis zum Februar 1953 erhöhte sich die Anzahl der LPG zwar auf landesweit 2787, doch bewirtschafteten sie zu diesem Zeitpunkt lediglich 5,4 Prozent der landwirtschaftlichen Nutzfläche und waren damit im Gesamtbild noch immer eine marginale Größe. Mehr als 90 Prozent der Dorfbevölkerung hielt sich nach wie vor von den Gemeinwirtschaften fern und betrachtete diese oftmals als künstlich geschaffene Fremdkörper, die ihre Existenz einzig und allein der »Russendienerei«[78] der SED-Führung verdankten. Die angeführten Konflikte innerhalb der LPG taten ihr Übriges, um das negative Bild der Kollektivierung zu bestätigen.

All dies konnte die politische Führung des Landes jedoch nicht verunsichern. Die »Klassiker« der kommunistischen Theorie hatten vorhergesagt, dass es Schwierigkeiten geben würde, und diese Schwierigkeiten galt es nun zu überwinden. Nachdem klar war, dass die erhoffte Zustimmung der Bevölkerung zum agrarpolitischen Kurswechsel der SED ausbleiben würde, kam daher zunehmend ein Mittel zum Einsatz, mit dem bereits seit 1945 die Transformation auf dem Lande vorangetrieben wurde: der Klassenkampf. Jedes Problem wurde nun dem Wirken der scheinbar allgegenwärtigen Klassenfeinde zugeschrieben und entsprechend hart geahndet. Spätestens nach dem 10. Plenum des ZK der SED im November 1952 endete die erste (kurze) Phase der Kollektivierung, die zum großen Teil auf Freiwilligkeit beruht hatte, und machte wachsenden Zwangsmaßnahmen Platz. LPG-Vorsitzende wurden mit Waffenschein und dazugehöriger Pistole ausgerüstet, die Volkspolizei wurde zum vorrangigen Schutz der LPG verpflichtet, führende Juristen forderten öffentlich den Einsatz

---

78 Informationsbericht der ZK-Abteilung Wissenschaft vom 21. 6. 1953, in: SAPMO-BArch, DY 30/IV 2/9.04/426 B.

der Strafjustiz gegen die immer stärker drangsalierten Großbauern, und auch das Ministerium für Staatssicherheit (MfS)
unternahm erste, zumeist aber erfolglose Versuche, in den
Dörfern ein Spitzelnetz zu installieren. Noch immer hatten
alle LPG-Beitritte formell freiwillig zu erfolgen, aber partei-
intern war man sich sicher: das »bedeutet doch nicht Selbstlauf
und Spontaneität.«[79] Eine totale Mobilmachung der Partei
mitsamt ihres Herrschafts- und Repressionsapparates sollte
nun die gewünschten Erfolge erzwingen.

Das hatte Folgen. Insbesondere die im Februar 1953 verabschiedete »Verordnung zur Sicherung der landwirtschaftlichen Produktion und der Versorgung der Bevölkerung«
zeigte, mit welcher Entschlossenheit die Kollektivierung nun
gegen jegliche Widerstände durchgesetzt werden sollte. Die
Grundaussage der Verordnung war einfach: »Besitzern von
landwirtschaftlichem Grundbesitz, die gegen die Gesetze
der Deutschen Demokratischen Republik verstoßen und die
Bestimmungen über die ordnungsgemäße Bewirtschaftung
grob verletzt haben, kann […] die weitere Bewirtschaftung
ihres Grundbesitzes untersagt werden.«[80] Die Auswirkungen
dieser Festlegung waren gravierend, zumal gleichzeitig die
Anforderungen an die Privatbauern, insbesondere die Großbauern, neuerlich massiv ausgeweitet wurden: Der prozen-
tuale Anteil der Pflichtablieferungen am Gesamtertrag und die
Landwirtschaftssteuer wurden drastisch erhöht, die Gewährung von Krediten ebenso eingeschränkt wie die Auslieferung
von Düngemitteln und Saatgut und die Verfügungsgewalt
über die eigene wie die MTS-Technik weiter beschnitten.
Immer weniger Betriebsinhaber waren unter diesen Voraussetzungen in der Lage, die nun rigoros eingetriebenen Pflichtablieferungen aufzubringen, was von den Machthabern als
Verstoß gegen die Gesetze angesehen wurde. Diese Zwangslage war von der SED-Führung willentlich herbeigeführt

79 Stenographische Niederschrift der Konferenz mit den ersten Kreis-
    sekretären des Sekretariats des ZK am 20. 8. 1952, in: SAPMO-
    BArch, DY 30/IV 2/1.01/200, Bl. 34.
80 Gesetzblatt der Deutschen Demokratischen Republik, Nr. 25,
    27. 2. 1953, S. 329 f.

worden, um in großem Umfang Enteignungen vornehmen und das so gewonnene Land sowie die Betriebsmittel den LPG zuschlagen zu können. Allein bis zum 31. März 1953, in nur sechs Wochen, wurden daraufhin 6518 Betriebe mit über 200000 Hektar Nutzfläche konfisziert, bis zum Jahresende sollte sich deren Zahl auf 10146 Betriebe mit 317790 Hektar Land erhöhen. Zugleich wurde verfügt, dass die früheren Inhaber umzusiedeln und ihre Wohngebäude an LPG oder beitrittswillige Landarbeiter zu übergeben seien. Was sich 1945 hinsichtlich der Gutsbesitzer ereignet hatte, wiederholte sich hier in geringerem Umfang, doch mit ähnlicher Rücksichtslosigkeit. Da zudem die Zahl der Verhaftungen, der Schauprozesse und der Verurteilungen sprunghaft anstieg, wuchs auch die Zahl derjenigen, die der DDR endgültig den Rücken kehrten und in die Bundesrepublik übersiedelten. Waren im ersten Quartal des Jahres 1952, unmittelbar vor dem Beginn der Kollektivierung, 455 Bauern aus der DDR geflohen, so waren es im gleichen Zeitraum des Folgejahres bereits 5681, im zweiten Quartal des Jahres 1953 5391 weitere. Der Landwirtschaft gingen auf diesem Wege dringend benötigte Fachkräfte verloren, und die Bewirtschaftung des zurückgebliebenen Landes konnte durch die LPG nur in den seltensten Fällen gesichert werden. Die heraufziehende Krise verschärfte sich weiter.

Die Situation in den Dörfern wurde durch den forcierten Klassenkampf abermals stark beeinflusst, doch keineswegs immer so, wie dies die Theorie vorsah. Jahrhundertealte Traditionen wirkten nach und ließen sich keineswegs sofort brechen. Unter dem wachsenden Druck von außen kam es in gemeinsamer Abwehr der Kollektivierung zudem immer wieder zu neuen Allianzen. So leisteten Altbauern Gespannhilfen bei Neubauern oder übernahmen die Bearbeitung ihrer Felder, um auf diese Weise deren LPG-Beitritt zu verhindern, im Gegenzug stellten die Neubauern ihre Arbeitskraft zur

Verfügung. Großbauern blockierten gemeinsam mit Klein- und Mittelbauern die Gründung von Produktionsgenossenschaften. Wollten ehemalige Landarbeiter die LPG wieder verlassen, boten ihnen Privatbauern nicht nur eine Stelle, sondern auch deutlich höhere Bezüge. Arbeiter der MTS bedienten bevorzugt Großbauern. Von der sozialen Struktur der Dörfer unabhängig, blieben die LPG-Mitglieder zumeist sozial isoliert.

Die Folgen des Kollektivierungs-Kurses blieben dabei keineswegs auf die Dörfer beschränkt. Mit der willentlichen Ruinierung erfolgreicher Einzelbauern, der mangelnden Produktivität der LPG und den verheerenden Folgen des ständigen Klassenkampfes ging ein massiver Einbruch der landwirtschaftlichen Produktion einher, woraufhin sich die Versorgung der gesamten Bevölkerung spürbar verschlechterte. Da auch die Bewohner der Städte dem stalinistischen Umgestaltungsprozess von Wirtschaft und Gesellschaft unterworfen waren, in der DDR mittlerweile ein »totaler sozialer Krieg«[81] der SED-Führung gegen weite Teile der Bevölkerung tobte, erhöhten sich die Spannungen im gesamten Land. Ein Bauer aus dem sächsischen Niederwiera brachte das grundlegende Problem mit Blick auf die SED auf den Punkt: »Sie haben den Klassenkampf in den Kreis Altenburg hineingetragen. Früher gab es keine werktätigen und Großbauern. Sie haben aber die Spaltung im Kreis Altenburg durchgeführt und sie werden es noch eines Tages verantworten müssen.«[82] Und was für die Dörfer galt, galt im Frühjahr 1953 auch uneingeschränkt für die Städte der DDR. Im ganzen Land brodelte es, da die SED-Führung für ihre Politik keine Mehrheiten hatte. Die Interessen einer Minderheit wurden mit drakonischer Gewalt realisiert, und ein Ende war nicht abzusehen. Doch dann starb Stalin, und in Moskau erkannte man die Brisanz der Lage.

81 Vgl. Falco Werkentin, Der totale soziale Krieg. Auswirkungen der 2. Parteikonferenz im Juli 1952, in: Jahrbuch für Historische Kommunismusforschung 2002, S. 23–54.
82 Bericht über die Stimmung in der Bevölkerung vom 17.6.1953, in: SAPMO-BArch, DY 30/IV 2/5/523, hier Bl. 108.

5.3 Der 17. Juni 1953 auf dem Lande

Mit ihrer Politik des sozialistischen Aufbaus hatte die SED-Führung wieder einmal ideologische Utopien über ökonomische Realitäten gestellt und die DDR in eine tiefe Krise geführt. Die Rücksichtslosigkeit, mit der sie diese Politik im ganzen Land durchzusetzen versuchte, tat ihr Übriges, um einen tiefen Keil zwischen Herrschaft und Gesellschaft zu treiben. Die KPdSU-Führung beobachtete diese Entwicklung mit wachsender Besorgnis. Bereits Mitte Mai des Jahres 1953 war daher eine erste Anweisung an die SED-Spitze ergangen, die Kollektivierung abzubremsen, da die Folgen kaum noch kalkulierbar waren. Doch in Berlin verweigerte man sich diesem Ansinnen und fuhr fort wie bisher. Im Rausch des Klassenkampfes übersahen die Parteiführer sämtliche Warnsignale.

Anfang Juni zog Moskau die Notbremse. Der eilends einberufenen Delegation von SED-Spitzenfunktionären wurde ein »Beschluß über die Maßnahmen zur Gesundung der politischen Lage in der Deutschen Demokratischen Republik« vorgelegt, den diese nun ohne Einschränkungen umzusetzen hatte. Ausdrücklich wurde in diesem Dokument der Zusammenhang zwischen Kollektivierung und akuter Versorgungskrise hergestellt. Die Kollektivierung habe dazu geführt, dass »die haushälterischen deutschen Bauern, die sonst stark an ihrem Landstück hängen, begannen, massenhaft ihr Land und ihre Wirtschaft zu verlassen und sich nach West-Deutschland zu begeben«. Jegliche Zwangsmaßnahmen sollten daher ab sofort unterbleiben, alle LPG überprüft und diejenigen aufgelöst werden, die nicht aufgrund freiwilliger Entscheidungen ihrer Mitglieder entstanden waren. Außerdem sollten jetzt wieder Produktionsgenossenschaften *und* Privatbauern Unterstützung bei ihrer Wirtschaftsführung erfahren.[83]

Niederschlag fanden die sowjetischen Forderungen im Kommuniqué des Politbüros der SED vom 9. Juni 1953, dem

---

83 Der Text des Moskauer Beschlusses findet sich im Protokoll der außerordentlichen Sitzung des SED-Politbüros vom 5. 6. 1953, in: SAPMO-BArch, DY 30/J IV 2/2/286, Zitat Bl. 5.

so genannten »Neuen Kurs«. Darin gestand die Parteiführung öffentlich Fehler ein und bezog sich dabei ausdrücklich auf die erzwungene Kollektivierung. Geflohene Bauern sollten nun ohne Strafandrohung in die DDR zurückkehren können und ihr Land zurückerhalten. Alle Gerichtsurteile wurden überprüft, Haftstrafen von bis zu drei Jahren sofort ausgesetzt und Hilfsmaßnahmen für die einzelbäuerlichen Betriebe umgehend eingeleitet. Die in ihren Wirkungen verheerende Verordnung vom 19. Februar 1953 wurde ersatzlos gestrichen.

Damit waren die Vorzeichen plötzlich, unerwartet und ohne weiteren Kommentar verkehrt worden. Die Bevölkerung, die ein Jahr lang dem rigorosen Klassenkampf unterworfen war, forderte Konsequenzen, insbesondere den Rücktritt der Partei- und Staatsführung. Doch diese Konsequenzen blieben aus, und das brachte das Fass zum Überlaufen: In den Tagen um den 17. Juni 1953 kam es zum Volksaufstand.

Lange wurden die Ereignisse des 17. Juni als Arbeiteraufstand betrachtet, doch ein Blick in die Dörfer zeigt, dass es hier sehr viel mehr Widerstand gab, als es gemeinhin angenommen wird. Der Aufstand begann auf dem Lande sogar früher als in den Städten und er dauerte auch länger an, folgte allerdings eigenen Regeln und wurde von den urbanen Medien kaum wahrgenommen. Am 13. Juni fassten die Berliner Bauarbeiter ihren Streikbeschluss, der wenige Tage später zum Fanal für den Volksaufstand werden sollte, doch bereits ab dem 12. Juni rumorte es in den Dörfern des Landes. Kristallisationspunkt der Auseinandersetzungen waren dabei zunächst die LPG: »Das Kommuniqué des Politbüros wurde von den Großbauern in allen Bezirken unserer Republik mit großer Schadenfreude aufgenommen. Sie führen wüste Saufgelage durch, schüchtern teilweise die Genossenschaftsbauern ein.«[84] Im Gegenzug standen viele der künstlich geschaffenen Produktionsgenossenschaften plötzlich vor dem Aus: »In den LPG, die sich aus devastierten oder verlassenen Betrieben gebildet haben, droht

---

84 Tagesbericht Nr. IV vom 12. Juni 1953, in: SAPMO-BArch, DY 30/IV 2/5/524, Zitat Bl. 20.

der Auseinanderfall, da die Mitglieder nicht mehr zur Arbeit gehen, kein Interesse zeigen, um nach ihrer Meinung nicht mit den bald zu erwartenden Besitzern in Konflikt zu geraten. In den anderen LPG zeigen sich Erscheinungen des sofortigen Austritts von Bauern aus den LPG.«[85] Im sächsischen Kreis Freiberg wurden aus der Haft entlassene Großbauern feierlich empfangen und mit einem Freudenfest bedacht, die SED-Bezirksleitung Dresden vermeldete, dass Dorfbewohner vehement die Rückgabe ihrer enteigneten Besitztümer sowie zusätzliche Entschädigungen forderten, Bauern verweigerten die Ablieferung ihres Pflichtanteils und in zahlreichen Dörfern gab es Streiks oder Streikandrohungen.

Im Bezirk Leipzig gaben Großbauern ihren Landarbeitern einen bezahlten Tag frei, um das Scheitern der SED-Politik zu feiern, verweigerten sich jeder Kooperation mit staatlichen Stellen, und auch hier nahm die Zahl der Streiks ebenso zu wie die der LPG-Auflösungen. Die Dörfer waren in Aufruhr, bevor der Aufstand in den Städten losbrach. Partei- und Staatsfunktionäre vor Ort wurden verbal oder körperlich angegriffen, das Eigentum der Produktionsgenossenschaften zielgerichtet beschädigt, die allgegenwärtigen Propagandamaterialien zerstört, Bürgermeisterämter gestürmt, neue Gemeinderäte gewählt und zahllose Siegesfeiern ausgerichtet. Allein zwischen dem 16. und 21. Juni 1953 kam es in über 400 Landgemeinden und -städten zu Aktionen gegen die bestehenden Verhältnisse; das waren nahezu 60 Prozent aller am Aufstand beteiligten Orte.[86]

85   Vermerk zum Kommuniqué des Politbüros vom 13. Juni 1953, in: BArch, DK 1, Nr. 205, hier Bl. 98.
86   Ilko-Sascha Kowalczuk, 17.6.1953: Volksaufstand in der DDR. Ursachen – Abläufe – Folgen, Bremen 2003, S. 284–293.

Die Bauern aus der Umgebung von Jessen bereiteten sich bereits am 16. Juni 1953 auf die Demonstration am nächsten Tag vor, bei der sie die Freilassung von inhaftierten Bauern und die Herabsetzung des Abgabesolls fordern wollten. Der Kreisstaatsanwalt beugte sich am 17. Juni dem Druck. Mit LKWs fuhren die Demonstranten zum Gefängnis nach Bad Liebenwerda, um die inhaftierten Bauern zu befreien. Auf dem Marktplatz von Jessen versammelten sich derweil etwa 1000 Menschen, die die Ankunft der 30 befreiten Häftlinge ausgelassen feierten. Wenig später wurden die Zufahrtsstraßen zum Markt durch sowjetische Panzer abgeriegelt.
Der Drogerist Paul Bernharend fotografierte die Ereignisse mit zwei Fotoapparaten. Die Polizei beschlagnahmte jedoch nur einen Apparat, so dass er das Filmmaterial des zweiten Apparates in Sicherheit bringen konnte. Die Fotos versteckte er bis zur Friedlichen Revolution hinter einer Tapete.

Analyse des Ministeriums für Staatssicherheit
ohne Datum
(wahrscheinlich 18. Juni 1953)

Bericht über die Lage auf dem Lande

Die in zahlreichen Betrieben der Deutschen Demokratischen Republik ausgelösten Streiks, in Verbindung mit aggressiven Demonstrationen, zeigen auch auf dem Lande Auswirkungen.

Obwohl unsere Informationen über die Lage auf dem Lande ungenügend sind, weil unsere Mitarbeiter sehr stark beansprucht werden, gibt es eine Reihe von Ereignissen auf dem Lande, die von uns beachtet werden müssen.

Vereinzelt wird gemeldet, daß Produktionsgenossenschaften auseinander zu fallen drohen bzw. Genossenschaftsbauern ihren Austritt aus der Produktionsgenossenschaft erklären.

Im Bezirk Potsdam erklärten 5 Genossenschaftsbauern der LPG Turow ihren Austritt.

In Neubrandenburg gibt es gegenwärtig nur einige Anzeichen, wonach Bauern aus den Produktionsgenossenschaften austreten wollen. Zu diesen Austritten ist es noch nicht gekommen, aber einige Bauern haben bereits solche Erklärungen gemacht.

In der LPG Callenberg, Kreis Hohenstein-Ernstthal, wurde am 17.6.53 eine Vollversammlung inszeniert. Nach unseren Mitteilungen sollte hier die Auflösung der LPG vollzogen werden. Durch Instrukteurseinsätze der Kreisleitung der SED sollte erreicht werden, daß die Bauern diesen Schritt nicht tun.

Aus der LPG Kreis Kyritz sind von 93 Bauern 54 ausgetreten.

Im Kreis Meiningen sind in den Produktionsgenossenschaften Biebra, Stettlingen, Hermansfeld, Haina, Bettenhausen und Römhild ähnliche Auflösungserscheinungen gemeldet worden. In diesen Produktionsgenossenschaften sind schon seit einigen Wochen Unruhen, die durch die Lage in Berlin noch verstärkt wurden.

Im Kreis Geithain weigerten sich die Bauern der LPG Gießewald und Heinersdorf Milch abzuliefern. Die Bauern stehen auf der Straße und haben die Arbeit niedergelegt. Der Schwerpunkt ist in Heinersdorf zu sehen. Dort soll die neu gegründete LPG aufgelöst werden.

Die LPG Gusow, Kreis Seelow, forderte eine 50%ige Sollverminderung. Neben diesen Erscheinungen auf dem

Lande zeigen sich auch provokatorische Handlungen von Seiten großbäuerlicher Elemente.

Besonders in Jessen Bezirk Cottbus war dies am 17. 6. 53 zu verzeichnen. Hier wurde eine Kundgebung vorbereitet, wo man die freigelassenen Bauern empfangen und wieder auf ihre Wirtschaften einweisen wollte. Die Genossen W. und B. von der Partei wurden tätlich angegriffen. Ein VP-Angehöriger wurde entwaffnet. Später nahm die Bewegung zu. Es waren zunächst 450 Großbauern mit deren Anhang. Diese Zahl wuchs auf 1000 Personen an, die eine Demonstration mit folgenden Losungen durchführten:

»Freie und geheime Wahlen in ganz Deutschland«
»Wir wollen Frieden«
»Wir fordern Absetzung der Kreisverwaltung«
»Wir fordern die Freilassung der Bauern«

Eine Abordnung stellte der Kreisverwaltung diese Forderungen. Die Demonstranten zogen dann durch die Stadt zur MTS und versuchten hier die Arbeiter zur Teilnahme an der Demonstration zu gewinnen. Sie rissen die Transparente von der MTS ab.

Aus Potsdam wird berichtet, daß in Belzig Großbauern versuchten, die Jugend-MTS zu besetzen. Die Arbeiter der Bau-Union Belzig versuchten die Mitarbeiter der MTS Niemegk zu zwingen, mit ihnen den Streik am anderen Tag fortzusetzen.

Von Papendorf in Richtung Rahnsdorf demonstrierten gemeinsam Werktätige kleinerer Betriebe, Handwerker und Bauern, bewaffnet mit Knüppeln und sonstigen Schlagwerkzeugen nach Westberlin zu.

Aus Mühlhausen werden zahlreiche Bewegungen der Bauern gemeldet. Hier rotteten sich Groß- und Mittelbauern in den Dörfern um Mühlhausen zusammen, um auf Mühlhausen zu marschieren. Es wurde festgestellt, daß sich am 17. 6. 53 eine große Anzahl Bauern von den Dörfern nach der Stadt Mühlhausen bewegten. In Mühlhausen bildeten sich Diskussionsgruppen von Bauern. Einige Bauern erklärten, daß sie sich mit den Streikenden in Berlin solidarisch erklären und endlich freie Bauern sein wollen. Der Genosse Ernst S. sprach auf dem Untermarkt zu den Massen. Man hat ihn niedergerufen. Ein Bauer sprang den Genossen S. von hinten an und schlug ihm mit der Faust auf den Hinterkopf. Er mußte den Platz verlassen.

Aus dem Bezirk Rostock, Kreis Bergen, wird gemeldet, daß in der Nacht vom 17. zum 18. 6. 53 in der LPG »Vierecke« alle Wasserhähne aufgedreht und die Pumpen abgeschlossen wurden. Die LPG steht unter Wasser. Die Täter waren zum Zeitpunkt der Meldung noch unerkannt.

Aus dem Bezirk Dresden, Kreis Görlitz, wird gemeldet, daß in Arnsdorf von der BHG, von den Granit-Werken und von Großbauern ein Streik durchgeführt werden sollte. Es wurde ein Kommando KVP dorthin entsandt.

Aus dem Bezirk Karl-Marx-Stadt wurde aus dem Kreis Freiberg, Gemeinde Naundorf, gemeldet, daß auch hier Bauern sich gegenüber dem dortigen Bürgermeister drohend verhalten. Sie erklärten: »Was willst du Zigeuner hier, hau ab, sonst schlagen wir dir den Schädel ein. Wenn die anderen kommen sollten, dann sage ihnen, daß wir auch ihnen den Schädel einschlagen.«[87]

Durch die offene, medial zum Teil verfolgbare Erhebung in so unterschiedlichen Städten wie Berlin, Leipzig, Görlitz und Niesky verstärkten sich auch in den ländlichen Gemeinden die Tendenzen zum aktiven Widerstand gegen die SED-Diktatur. In einzelnen Städten wurden Bauerndemonstrationen mit zum Teil mehreren Tausend Landwirten organisiert. Hier zeigte sich am deutlichsten, dass sich die erhobenen Forde-

87   BStU, ZA, SdM249, Bl. 95–97.

rungen nicht mehr nur auf das Ende der Kollektivierung bezogen, sondern weit darüber hinausgingen. Der Sturz des SED-Regimes wurde ebenso offensiv propagiert wie freie Wahlen, die Vereinigung der beiden deutschen Staaten und eine einheitliche Regierung unter Konrad Adenauer.

Doch bereits in der Nacht zum 17. Juni hatte die sowjetische Staatsführung beschlossen, den Aufstand unter Einsatz aller Mittel niederzuschlagen. Wie in den Städten, so wurde dieser Beschluss auch in den ländlichen Gemeinden mit aller Härte durchgesetzt. Der Ausnahmezustand wurde verhängt, Dörfer von Panzern umstellt und ungezählte Verhaftungen vorgenommen. Die sowjetischen Truppen zeigten massive Präsenz und das Ministerium für Staatssicherheit, das im Vorfeld des Volksaufstandes kläglich versagt hatte, bemühte sich mit Hilfe massiver Repressionsmaßnahmen, das Vertrauen der SED-Führung zurückzugewinnen. Innerhalb weniger Tage brach der Aufstand unter diesen Voraussetzungen zusammen, doch Ruhe kehrte damit in den Dörfern nicht ein. Im Kreis Meißen wurde auch in den Folgemonaten auf öffentlichen Versammlungen die Abschaffung der Planwirtschaft gefordert, im Kreis Großenhain zur Verweigerung der Pflichtablieferung aufgerufen, und im Kreis Bautzen mehrten sich die Brandstiftungen in Produktionsgenossenschaften. Staatliche Funktionsträger wurden von den Höfen geprügelt, es wurden immer wieder Straßensperren errichtet und die Erfolge der bundesdeutschen Wirtschaft als Vorbild für die DDR gepriesen. Wiederholt kam es zu Streiks, und das Aufkommen an landwirtschaftlichen Produkten blieb im gesamten Jahr 1953 deutlich hinter den zentralen Vorgaben zurück.[88] Doch das vermochte wenig daran zu ändern, dass durch den Einsatz der russischen Panzer die alten Machtverhältnisse wiederhergestellt waren.

Dennoch lösten sich von den 5074 LPG, die bis zum Juni landesweit gegründet worden waren, mindestens 564 auf.

---

88 Zu widerständigem Verhalten nach dem Volksaufstand siehe den Bericht der Deutschen Volkspolizei über die Lage auf dem Lande vom 20. Dezember 1953, in: BArch, DO 1/11/0/24, Bl. 83–96.

Etwa 33 000 Landwirte, das waren mehr als 22 Prozent aller Mitglieder, traten aus den Produktionsgenossenschaften aus, die dadurch etwa 16 Prozent ihrer Wirtschaftsfläche verloren. Die politische Führung des Landes hielt sich mit Repressionsmaßnahmen und sonstigen Ansprüchen hingegen vorerst zurück. Es galt, zunächst die eigene fragile Macht zu festigen. Wiederum zeigte sich die SED-Führung flexibel genug, taktische Zugeständnisse zu gewähren. Ihre eigentlichen Ziele behielt sie gleichwohl im Auge.

5.4 Alternativen im Sozialismus? Jahre gebremster Transformation

Mit dem Volksaufstand vom Juni 1953 endete der erste Versuch, die landwirtschaftlichen Betriebe der DDR entsprechend der kommunistischen Ideologie zu kollektivieren. Das bedeutete jedoch nicht, dass damit ein grundlegender Politikwechsel einherging. Im Gegenteil. Schon einen Monat später stellte die SED-Führung auf ihrer 15. ZK-Tagung fest, dass die Generallinie der Partei richtig gewesen sei, lediglich bei deren Umsetzung seien Fehler unterlaufen. Ohnehin könne eine nachhaltige Steigerung der Produktion auch in Zukunft nur mit Hilfe der Produktionsgenossenschaften erreicht werden. Derartige Leitsätze griffen nachgeordnete Funktionäre nur zu gern auf, denn sie bestätigten alte Gewissheiten und ließen mögliche Zweifel vergessen. So war bereits am Ende des Jahres 1953 wieder die Rede von der »Verschärfung des Klassenkampfes auf dem Lande«[89].

Doch die Machthaber hatten sehr wohl erkannt, dass eine Umsetzung ihres agrarpolitischen Maximalprogramms unter den gegebenen Umständen kaum möglich sein würde. Also übten sie Zurückhaltung, förderten weiter die LPG, rückten den Verdrängungskampf gegen die Privatbauern vorerst aber in den Hintergrund. Zunächst sollte die innenpolitische Lage

---

89 Dienstanweisung Nr. 47/53 über die erhöhte Arbeit der Organe der Staatssicherheit in der Landwirtschaft, in: Regina Teske, Staatssicherheit auf dem Dorfe. Zur Überwachung der ländlichen Gesellschaft vor der Vollkollektivierung 1952 bis 1958, Berlin 2006, S. 95–99, Zitat S. 95. Vgl. ebd. zum Wirken des MfS in den Dörfern.

stabilisiert werden, und dazu war vor allem die Verbesserung der Lebensmittelversorgung vonnöten. Besonders die nicht bewirtschafteten Flächen schienen dazu einen erheblichen Beitrag leisten zu können. Eine Bodennutzungserhebung hatte schon 1953 ergeben, dass mehr als 10000 Betriebe nicht mehr produzierten und fast 500000 Hektar landwirtschaftlicher Nutzfläche brachlagen. Der Trend setzte sich weiter fort und 1956 war bereits mehr als eine Million Hektar unbebaut, was einem Anteil von etwa 16 Prozent der Gesamtfläche entsprach. Da sich der Verbrauch an wichtigen Lebensmitteln in der ersten Hälfte der 1950er Jahre verdoppelte, bestand dringender Handlungsbedarf. Der Versuch, diese Flächen in Örtliche Landwirtschaftsbetriebe (ÖLB) zusammenzufassen und ihre Bewirtschaftung den jeweiligen Gemeinden zu übertragen, scheiterte grandios. Also sollten die lokalen LPG fortan diese Flächen übernehmen, was aus Sicht der politischen Führung gleich mehrere Vorteile mit sich bringen sollte: Der »genossenschaftliche Sektor« würde wachsen, der Boden bearbeitet werden und der Einfluss der Privatbauern damit sinken. Doch die Produktionsgenossenschaften waren mit diesem Ansinnen heillos überfordert. Es mangelte nach wie vor an Leitungspersonal, Arbeitskräften, Maschinen, Ersatzteilen und vielem mehr. Ein von zentraler Stelle verordnetes Anwachsen der Flächen ohne zusätzliche Unterstützungsmaßnahmen musste damit unweigerlich zur Absenkung der Durchschnittsproduktion führen und so die Betriebsergebnisse der LPG schmälern. Deren Planerfüllung ließ ohnehin noch immer zu wünschen übrig. So meldete die Deutsche Bauernbank Leipzig im September 1955, dass höchstens die Hälfte aller LPG im Bezirk die Pläne für das laufende Jahre erfüllen würde. Allein aus den Kreisen Altenburg und Delitzsch sowie dem Landkreis Leipzig seien daher Verluste von mehr als 2,5 Millionen DM zu erwarten. In den anderen Regionen des Landes sah es kaum besser aus. Noch immer waren es die einzelbäuerlichen Betriebe, die das Rückgrat der Nahrungsmittelproduktion bildeten.

Als unter diesen Voraussetzungen der XX. Parteitag der sowjetischen Kommunisten 1956 eine vorsichtige Entstalinisierung von Wirtschaft und Gesellschaft im Ostblock einleitete, stellte sich auch für die Landwirtschaft der DDR die Frage nach gangbaren Alternativen. In Polen und Ungarn führten diesbezügliche Überlegungen zum Abbruch bzw. einer Verlangsamung der Kollektivierung, und auch in der DDR entspannen sich intensive Debatten. Insbesondere das vom SED-Agrarexperten Kurt Vieweg ausgearbeitete »Neue Agrarprogramm für die Entwicklung der Landwirtschaft beim Aufbau des Sozialismus in der DDR« erlangte dabei Popularität. Das im November 1956 vorgelegte Papier zweifelte keineswegs die Notwendigkeit einer Kollektivierung an, ging aber davon aus, dass »ein sozialistischer Staat auch über einen historisch langen Zeitraum auf dem Nebeneinanderbestehen zweier Wirtschaftsformen in der Landwirtschaft beruhen kann: einerseits auf dem staatlichen und genossenschaftlichen Sektor und andererseits auf einem großen Sektor einzelbäuerlicher Familienbetriebe.«[90] Vieweg wollte zunächst die LPG ökonomisch stabilisieren, in dieser Phase die Versorgung mit Hilfe der Privatbetriebe sichern und erst dann durchgängig kollektivieren. Gerade unter den agrarwirtschaftlichen Bedingungen der DDR erschien diese Idee sinnvoll, spiegelten sich darin doch die gegebenen Realitäten wider. Zudem sollten alle Zwangsmaßnahmen beendet, die Pflichtablieferungen aufgehoben, ein einheitliches Preisniveau eingeführt und die Raiffeisengenossenschaften wieder zugelassen werden. Diese Maßnahmen zielten auf eine bessere Organisation der agrarwirtschaftlichen Strukturen, sollten die Eigeninitiative der Produzenten anregen und auf diese Weise die Versorgungslage verbessern.

---

90 Neues Agrarprogramm für die Entwicklung der Landwirtschaft beim Aufbau des Sozialismus in der DDR, Entwurf, in: Michael F. Scholz, Bauernopfer der deutschen Frage. Der Kommunist Kurt Vieweg im Dschungel der Geheimdienste, Berlin 1997, S. 235–242, hier S. 235. Vgl. ebd. zu Vieweg.

Doch seit dem 17. Juni 1953 fürchtete die SED-Führung nichts mehr als das eigene Volk. Als sich im Verlauf des Jahres 1956 zeigte, dass Reformversuche in Ungarn zu einem Volksaufstand und in Polen zu massiven Unruhen führten, wurden in Ost-Berlin alle Überlegungen, die vom orthodoxen Marxismus-Leninismus abwichen, vehement unterdrückt. Vieweg sollte das in Form einer langjährigen Gefängnisstrafe zu spüren bekommen, und jegliche agrarpolitischen Alternativen waren fortan undenkbar. Der Spielraum dafür war ohnehin äußerst begrenzt gewesen, nun aber deuteten die Zeichen wieder auf eine Vollkollektivierung der Landwirtschaft. Abermals hatte die Ideologie über praxisnahe Erwägungen triumphiert.

5.5 Einholen und Überholen. Kollektivierung als letzter Ausweg

Im unabdingbaren Glauben an die Überlegenheit der sozialistischen Großproduktion und in Ablehnung der Reformversuche in Ungarn und Polen hob die SED-Führung nun an, ihre Maximalvorstellungen in der Landwirtschaft vor Ort umzusetzen. Seit Ende des Jahres 1953 hatte sich die Anzahl der LPG-Mitglieder von 128 550 auf 229 026 erhöht und der Anteil der genossenschaftlich bewirtschafteten Nutzfläche war von 11,6 auf 23,2 Prozent angestiegen. Allerdings war dieses Wachstum auch weiterhin mit einem grundlegenden Problem verbunden: Noch immer traten vor allem jene Landwirte den Produktionsgenossenschaften bei, die ihr wirtschaftliches Überleben anderweitig kaum sicherstellen konnten. Damit aber war weder eine ökonomische Festigung der LPG möglich noch konnte eine allgemeine Akzeptanz dieser Wirtschaftsformen auf dem Lande erzielt werden.[91]

Also verschärfte die Parteiführung die Gangart. Nun war sogar wieder die Rede vom »Liquidieren« unliebsamer Landbewohner: Alle »negativen Personen, wie Großbauern,

---

91 Bauerkämper, Ländliche Gesellschaft, S. 342–347.

Geschäftsleute, Pastoren usw. sind zu erfassen und von GI laufend zu beobachten. Personen, die gegen die LPG hetzen, Zersetzungstätigkeit betreiben bzw. anderweitig negativ auffallen, sind durch die operative Arbeit möglichst schnell zu liquidieren.«[92] Im Gegensatz zur sowjetischen Kollektivierungsgeschichte musste kaum jemand um sein Leben fürchten, doch die alten Feindbilder kamen nun wieder voll zum Tragen. Innerhalb weniger Jahre, bis 1960, sollte der Anteil der LPG an der Nutzfläche auf 50 Prozent (wenig später auf 65 Prozent) erhöht und das sowjetische Vorbild wieder stärker kopiert werden. Daher wurde beispielsweise der Bau von Rinderoffenställen forciert und die Anwendung des so genannten Quadratnestpflanzverfahrens bei Kartoffeln eingefordert – Maßnahmen, denen Fachleute im ganzen Land wegen ihrer hochgradigen Fragwürdigkeit energisch widersprachen, ohne Gehör zu finden.

92 Dienstanweisung Nr. 4/58 für die operative Arbeit in der Landwirtschaft vom 17.3.1958, in: BStU, ASt. Rostock, BdL 779, Bl. 6–14, hier Bl. 7. GI meint die »Geheimen Informatoren« des MfS in den Dörfern.

Bundesarchiv, Mammsch

Seite 124/125:
Sowjetische Lehren finden Eingang in die LPG-Planung. Die Methode
der Offenställe wird nicht nur bei Rindern angewandt, sondern sogar auf
Schweine übertragen, wie im Volksgut »Gerhard Eisler« in Pommritz,
Kreis Bautzen. Auszug der ADN-Meldung: »Der Betriebsleiter des Volks-
gutes, Georg Fischer, ein früherer Landarbeiter, fand sich nicht damit
ab, dass die Sterblichkeit bei den Ferkeln 40 % und mehr betrug. Seit
Januar 1950 führte er Versuche nach den Lehren Mitschurins durch, um
für die Schweine und Ferkel gesündere Lebensbedingungen zu schaffen und leistungsfähigere, abgehärtete Tiere zu züchten. [...] Er richtete
Schweinehütten aus Holzstangen und Strohdächern in Kleingehegen ein,
in denen die Muttersauen einige Wochen vor dem Ferkeln untergebracht
werden. Muttertiere und Ferkel halten sich im Sommer wie im Winter
(auch bei 20 Grad Kälte) in den Hütten und im Freien auf. Nach dieser
Neueinführung schwand die Sterblichkeit bei den Ferkeln in kurzer Zeit
gänzlich. Auch entwickeln die Ferkel durch den Aufenthalt im Freien eine
derartige Freßlust, dass sie nicht mehr die früher notwendigen 12 Monate,
sondern nur noch 8–9 Monate bis zur Schlachtreife (140–150 Kilogramm)
benötigen.«

Nachdem bereits 1957 wichtige Weichenstellungen partei-intern vorgenommen wurden, setzte die SED mit ihrem V. Parteitag im Juli 1958 dazu an, auch in der breiten Öffentlichkeit den abermals forcierten Aufbau des Sozialismus zu propagieren. Man glaubte sich dazu bestens gerüstet. Die Wirtschaft der Sowjetunion boomte, der »Sputnikschock« des Jahres 1957 hatte dem Westen die vermeintliche Potenz der Supermacht eindrucksvoll vor Augen geführt, und auch in der DDR hatten sich die Wirtschaftsergebnisse im Vergleich zu den Vorjahren trotz aller Probleme verbessert.[93] Der Sieg des Sozialismus schien aus dem Blickwinkel der kommunistischen Machthaber nur noch eine Frage der Zeit und sollte nun mit aller Vehemenz herbeigeführt werden. Zwar war das Lebensniveau in der DDR noch immer deutlich geringer als in der Bundesrepublik, doch gerade hier war der entscheidende Durchbruch vorgesehen. Deshalb gab der Parteitag die »ökonomische Hauptaufgabe« aus, Westdeutschland bis zum Jahr 1961 beim Pro-Kopf-Verbrauch wichtiger Lebensmittel sowie anderer Güter zu übertrumpfen und so die Überlegenheit der sozialistischen Gesellschaftsordnung zu beweisen.

Die gesteckten Ziele waren äußerst ehrgeizig, und zunächst sah es so aus, als könnten sie tatsächlich realisiert werden. Was sich im Vorfeld des Parteitages angedeutet hatte, setzte sich auch in seinem Nachgang fort: Die Kollektivierung schritt voran und verhieß laut der geltenden Glaubenssätze eine nachhaltige Steigerung der Produktion. Aktiv unterstützt durch die verstärkt eingesetzten Agitationsbrigaden, durch weitere Vergünstigungen und den gesteigerten Eifer des Sicherheitsapparates stieg die Zahl der Produktionsgenossenschaften merklich an. Überall im Land inszenierten die gleichgeschalteten Parteien und Massenorganisationen Initiativen, die nicht ohne Erfolg blieben. So verabschiedete die SED-Leitung des Kreises Eilenburg (Bezirk Leipzig) im Juli 1958 einen Aktionsplan unter dem Motto »Jeder eine gute Tat

---

93 Hildermeier, Geschichte der Sowjetunion, S. 788–804; Steiner, Von Plan zu Plan, S. 110–115.

für den Sozialismus«[94], der detailliert die weitere Entwicklung der Landwirtschaft vorgab. Mit einer Mischung aus Lockung und Zwang sollte so der endgültige Durchbruch der sozialistischen Produktionsweise in den Dörfern erzielt werden. Anfang Oktober des Jahres 1959 bewirtschafteten die LPG landesweit bereits 42 Prozent der gesamten Nutzfläche; in weniger als drei Jahren hatte sich ihr Anteil damit nahezu verdoppelt.

Doch der Schwung verebbte alsbald und die eigentlichen Probleme traten wieder deutlich an den Tag. So gelang es dem Kreis Eilenburg zwar, die Zahl der Produktionsgenossenschaften zu erhöhen, doch erfüllten 45 Prozent den vorgegebenen Plan nicht. In vielen anderen Regionen des Landes sah es ähnlich aus. Noch verheerender war die Lage in den staatlichen Landwirtschaftsbetrieben, den Volkseigenen Gütern (VEG), von denen regional bis zu 75 Prozent das Wirtschaftsjahr 1958 mit Verlusten abschlossen. Die mangelnde Rentabilität und die damit verbundenen Produktionsmängel der Betriebe hatten um so schlimmere Auswirkungen, als der Verbrauch an Nahrungsgütern nach der Abschaffung der letzten Lebensmittelmarken im Jahr 1958 sprunghaft angestiegen war. Engpässe in der Versorgung konnten nur durch Hilfslieferungen aus der Sowjetunion begrenzt werden.

Als besonderes Problem erwies sich eine Entwicklung, die direktes Ergebnis der SED-Politik, jedoch weder beabsichtigt noch vorhergesehen war. Entsprechend der bündnistheoretischen Vorgaben hatte die Parteiführung seit 1953 vor allem die Mittelbauern mit zehn bis 20 Hektar Nutzfläche gefördert, um so die Großbauern weiter in die Defensive zu drängen. Doch entgegen der Erwartungen steigerte diese Förderung keineswegs die Bereitschaft zum LPG-Beitritt. Im Gegenteil. Ende des Jahres 1959 stellte die ZK-Abteilung Landwirtschaft fest, dass sich »ein Teil der bisher als Mittelbauern bezeichneten

---

94 Beschluss der SED-Kreisleitung Eilenburg vom 23. Juli 1958 zur Auswertung des V. Parteitages und zur Entwicklung einer breiten Masseninitiative für den Sieg des Sozialismus, in: SAPMO-BArch, DY 30/IV 2/7/419, Bl. 1–4.

Gruppe zu kapitalistisch wirtschaftenden Großbauern entwickelt.« Ihr Anteil am Aufkommen tierischer wie pflanzlicher Produkte sei beständig angewachsen, ebenso ihre Spareinlagen und die Unabhängigkeit von staatlichen Krediten. Daher bestehe »sogar die Gefahr, daß bei ungenügender politischer Massenarbeit der Partei- und Staatsorgane sich diese Bauern der sozialistischen Umgestaltung offen und versteckt entgegenstellen.«[95] Damit aber drohte neuerlich eine Krise der Kollektivierungspolitik, die dann mit der spürbar wachsenden Produktionskrise kollidieren würde. Also entschloss man sich, entsprechend der eigenen Leitlinien zu handeln und vollendete Tatsachen zu schaffen. Das Ergebnis war der »sozialistische Frühling« des Jahres 1960.

5.6 Der »sozialistische Frühling« auf dem Lande

Mit ihrem Entschluss für die Vollkollektivierung trachtete die politische Führung der DDR nach einer finalen Eindeutigkeit in den Dörfern, nach dem Ausschluss aller Alternativen und nach der Erfüllung all ihrer agrarideologischen Leitsätze. Nur so, das war noch immer die Grundüberzeugung, könne die landwirtschaftliche Produktion nachhaltig gesteigert werden. Was Lenin theoretisch vorgegeben hatte und schon vor dem Kriegsende in Moskau diskutiert worden war, sollte nun in die Tat umgesetzt werden. Ziel war das sozialistische Dorf: von der Partei beherrscht, vollständig kollektiviert und eng in die zentrale Planwirtschaft eingebunden.

Von besonderer Bedeutung für diesen Beschluss und seine Umsetzung war der Kreis Eilenburg im Bezirk Leipzig. In Bezug auf die Kollektivierung galt er lange als bestenfalls durchschnittlicher Kreis und allein für das Jahr 1959 wurden 716 000 DM außerplanmäßige Finanzhilfen nötig, damit die LPG der Region ihren Mitgliedern die vorgesehenen Löhne

---

95 Einschätzung des erreichten Entwicklungsstandes der sozialistischen Umgestaltung der Landwirtschaft, der Festigung der LPG und VEG sowie der Entwicklung der Produktion (o. D.), in: SAPMO-BArch, DY 30/IV 2/7/370, Bl. 1–98, Zitate Bl. 95 f. Der ausführliche Bericht zeichnet ein vernichtendes Bild der DDR-Landwirtschaft Ende des Jahres 1959, vgl. ebd.

zahlen konnten.[96] Nachdem verschiedene Versuche der Massenmobilisierung – etwa ein »Wettbewerb der 183 Tage« – gescheitert waren, die Planrückstände immer bedrohlichere Ausmaße annahmen, und es Mahnungen aus der Bezirksstadt hagelte, entschied sich die SED-Kreisleitung zur Flucht nach vorn. Am 9. November 1959 wurde eine pompöse Ratssitzung mit 115 Gästen aus allen gesellschaftlichen Bereichen inszeniert, auf der das unmittelbare Nahziel der Agrarpolitik unmissverständlich ausgegeben wurde: »Das Ziel muss also sein, so schnell wie möglich den Aufbau des Sozialismus auf dem Lande in unserem Kreis abzuschließen.«[97] Damit waren die Weichen gestellt und die vollständige Kollektivierung zur wichtigsten Aufgabe erklärt.

Was folgte, war eine Kampagne von bisher nicht gekannter Konsequenz. Agitationstrupps überschwemmten die Dörfer, die in den folgenden Wochen »täglich ca. 500–600 individuelle Aussprachen« führten, in denen »mit ca. 3000 Personen, Einzelbäuerinnen und -bauern individuell ca. je 10 Stunden gesprochen worden ist.«[98] Die Ablehnung gegenüber einem LPG-Beitritt blieb also groß, und nahezu die Hälfte aller Bauern des Kreises musste von einem solchen Schritt noch überzeugt werden. Dazu war jetzt jedes Mittel recht. Sich verweigernde Bauern wurden kriminalisiert, ihre Namen öffentlich diffamiert, unhaltbare Versprechungen gemacht und jede Art von Zwang ausgeübt. Der gewünschte Erfolg stellte sich innerhalb weniger Wochen ein: Am 12. Dezember 1959 meldete die regionale SED-Leitung dem in Berlin tagenden 7. ZK-Plenum der Partei stolz die Vollgenossenschaftlichkeit des Kreises und verkündete, die Wirtschaftspläne nun weit schneller als vorgesehen erfüllen zu können.

96 Protokoll der 21. Sitzung des Rates des Kreises Eilenburg am 1. Oktober 1959, in: Kreisarchiv (KA) Eilenburg, RdK 60.
97 Protokoll der Sondersitzung des Rates des Kreises Eilenburg am 9.11.1959, in: Ebd. Auch wenn die Vermutung nahe liegt, dass es für den Beschluss eine Anweisung von übergeordneter Stelle gegeben hat, konnten bis heute keine Quellen gefunden werden, die dies bestätigen.
98 Schreiben der SED-Kreisleitung vom 10.12.1959, in: Sächsisches Staatsarchiv Leipzig (SStAL), SED-Bezirksleitung IV/2/3/322, Bl. 165–167, hier Bl. 166.

Nötigung in das vollgenossenschaftliche Dorf: Auf riesigen Tafeln
wurde erfasst, wer sich dem Eintritt in die LPG bisher entzogen hatte,
Bermsgrün 1960.

Tatsächlich jedoch sollte es sehr bald zu außerordentlichen
Problemen kommen.[99]

Den positiven Tenor aus Eilenburg griff die Parteiführung auf und sah nun offensichtlich die Zeit gekommen, mit
den Privatbetrieben der Landwirtschaft endgültig Schluss
zu machen und die »sozialistische Produktionsweise« in den
Dörfern durchzusetzen. Mitte Januar des Jahres 1960 waren
die Vorbereitungen abgeschlossen, und der Bezirk Rostock
machte den Anfang. Auf Anweisung aus Berlin löste er den
»sozialistischen Frühling« aus, der in den folgenden Wochen
das gesamte Land wie eine Welle überrollte.

Ende des Jahres 1959 hatten die Produktionsgenossenschaften 43,5 Prozent der landwirtschaftlichen Nutzfläche
bewirtschaftet, mehr als die Hälfte der Fläche musste also noch
kollektiviert werden und dazu etwa 400 000 Einzelbauern mit
ihren Familienangehörigen von einem LPG-Beitritt »über-

99   Vgl. Schöne, Frühling auf dem Lande, S. 154–166.

zeugt« werden. Diese Bauern hatten nahezu acht Jahre lang allen Verlockungen und allen Zwängen widerstanden, nun sollten sie kurzfristig ihre überwiegend gesunden Betriebe aufgeben und Mitglied einer Produktionsgenossenschaft werden. Dass dieser Schritt in allen Fällen als »freiwillig« deklariert wurde, verlieh ihm aus dem Blickwinkel der Betroffenen besondere Bitterkeit. Alle verbrieften Rechte der Privatbauern wurden außer Kraft gesetzt, eine Beschwerdeinstanz, an die sie sich hätten wenden können, existierte nicht. Wer sich den ultimativen Ansprüchen widersetzte, wurde kurzerhand zum »Klassenfeind« erklärt und mit entsprechender Härte behandelt. Werbebrigaden drangen widerrechtlich in Höfe und Häuser ein, willkürliche Verhaftungen erfolgten. Richter und Staatsanwälte drohten drakonische Strafen an, Ablieferungspflichten wurden beliebig erhöht und Verleumdungen waren an der Tagesordnung. Lautsprecherwagen plärrten ununterbrochen Propaganda und die Zahl der »Republikflüchtigen« erhöhte sich ebenso wie die der Suizide. Den vermeintlichen Antifaschismus der SED in Frage stellend, verlieh ein Bauer aus dem Kreis Plauen (Bezirk Karl-Marx-Stadt) seiner tiefgehenden Verzweiflung mit dem folgenden Satz Ausdruck: »Hängt mich auf, erschießt mich, das ist ja schlimmer als die Judenverfolgung 1938.«[100] Diese Worte verdeutlichen, wie erbarmungslos die Kollektivierung nun durchgesetzt wurde. Hatte es bisher auch immer in unterschiedlichem Maße freiwillige Beitritte zu den Produktionsgenossenschaften gegeben, verloren diese nun gänzlich an Bedeutung – die Zwangskollektivierung gewann an Fahrt.

Spätestens Ende Februar 1960 brachen alle Dämme. Etwa 100 000 Mitglieder waren in Einsatzbrigaden unterwegs und hatten nur ein Ziel: »Jetzt müssen« wir die Festung stürmen.«[101] Da sie überwiegend nicht aus den Dörfern stammten, nahmen sie diesen Anspruch wörtlich und setzten ihn mit aller

100 Zitiert nach: Udo Grashoff, »In einem Anfall von Depression …«. Selbsttötungen in der DDR, Berlin 2006, S. 210.
101 Analyse zur sozialistischen Umgestaltung der Landwirtschaft vom 18. 3. 1960, in: BStU, ASt. Chemnitz, Chemn. XVIII -94, Bl. 25 –35, hier Bl. 34.

Rücksichtslosigkeit um. Im Bezirk Karl-Marx-Stadt erhielt ein Bauer auf die Frage, ob er seine Familie auch als LPG-Mitglied noch ernähren könne, die Antwort, dass dies nicht zur Diskussion stehe, sondern lediglich seine Unterschrift unter der Beitrittserklärung. Ebendort erhielten die Brigademitglieder die Anweisung, so lange mit den Privatbauern zu diskutieren, bis ihnen die Augen zufielen und sie keine andere Wahl hätten, als zu unterschreiben. Aussiedlungen wurden angedroht und Verweigerer so lange eingesperrt, bis sie nachgaben. In einigen Regionen des Bezirks Leipzig wurde den Privatbauern der Verkauf ihrer Produkte untersagt. Auf Einwohnerversammlungen wurden sie öffentlich an den Pranger gestellt und immer wieder wurde mit ihrer »Liquidierung« gedroht.

Versagten all diese Maßnahmen, kam die Staatssicherheit zum Einsatz, die in den Dörfern bis dahin kaum verankert war. Nun war die Gelegenheit gekommen, den Einfluss auszubauen und die eigene Schlagkraft nachzuweisen. Wie dies erfolgte, zeigt ein an Zynismus kaum zu übertreffender Bericht aus dem Bezirk Dresden: »Nachdem die Entwicklung im Kreis gut vorangekommen war, mußte auch hier endlich ein Durchbruch erzielt werden. Da dies den Genossen von Partei- und Staatsapparat mit agitatorischen Mitteln nicht gelang, wurde vom MfS der Entschluss gefaßt, gegebene Beispiele von Feindtätigkeit zum Anlaß zu nehmen, um die betreffenden negativen Personen zu inhaftieren. So wurden die Kräfte der Kreisdienststelle Pirna und der Bezirksverwaltung Dresden zusammengefaßt, um eines schönen morgens in aller Frühe fast alle [!] Bauern der Gemeinde Cotta festzunehmen und nach Dresden zu bringen. Nach Abschluß dieser erfolgreichen Aktion wurde Cotta vollgenossenschaftliches Dorf und die dortigen verbliebenen Landwirte in der Folgezeit sehr gute LPG-Bauern.«[102]

102 Chronik der FDJ-Grundorganisation der Kreisdienststelle Pirna zum 30. Jahrestag der Bildung des MfS, in: BStU, ASt. Dresden, KD Pirna, Nr. 70 261, hier Bl. 40.

Aschara
Kreis Bad Langensalza
Bezirk Erfurt

ASCHARA
Erstes sozialistisches Dorf
im Kreis Bad Langensalza

Die Kollektivierung aller Wirtschaften erbrachte den Titel »Sozialistisches Dorf«. Damit wurde auf Ortseingangsschildern geworben.

Unter den gegebenen Umständen wurde in den ländlichen Gebieten sehr schnell deutlich, dass es kaum möglich sein würde, sich der erzwungenen Kollektivierung zu verweigern. Also wichen die Bauern aus. Allein in den ersten drei Monaten des Jahres 1960 verließen nach offiziellen Angaben 12 634 Landwirte und ihre Familien die DDR in Richtung Bundesrepublik; die tatsächliche Zahl dürfte um einiges höher gelegen haben.[103] Diejenigen, die in ihren Heimatorten verblieben, versuchten vielfach, ihren Beitritt zu den Produktionsgenossenschaften an Bedingungen zu knüpfen. Als etwa mehr als 70 Bewohner der Gemeinde Authausen (Bezirk Leipzig) in einer konzertierten Aktion in die LPG gepresst werden sollten, unternahmen 18 von ihnen, mehr als 25 Prozent, diesen Schritt erst, nachdem ihre individuellen Forderungen schriftlich fixiert waren. Die Zahlung einer Invalidenrente gehörte dazu ebenso wie die Überschreibung

103 Errechnet nach Statistiken in: SAPMO-BArch, DY 30/IV 2/3J/190. Aus dem Bezirk Karl-Marx-Stadt flohen 289, aus Leipzig 462 und aus Dresden 545 in der Landwirtschaft Beschäftigte mit ihren Familien.

von Betriebsteilen auf Angehörige oder die Bewilligung eines Landstückes, dessen Größe die üblicherweise gewährten 0,5 Hektar überschritt.[104] Wie sich alsbald herausstellen sollte, waren diese Zusicherungen kaum das Papier wert, auf dem sie standen, doch erleichterten sie den Betroffenen in den konkreten Situationen die Aufgabe ihrer Familienbetriebe.

Ließ sich die Mitgliedschaft in einer LPG nicht mehr vermeiden, gründeten Freunde oder Verwandte derartige Gemeinschaften, arbeiteten tatsächlich aber wie bisher. Insbesondere wirtschaftsstarke Bauern bevorzugten dabei die LPG Typ I, da sie hierbei nur den Boden einbringen mussten, die Viehhaltung aber weiter individuell organisiert war. Damit blieb zumindest eine Restautonomie gewahrt. Bisher erfolgreich wirtschaftende Betriebsinhaber legten ärztliche Atteste vor, die ihnen bestätigten, nicht für die schwere Arbeit in der Landwirtschaft geeignet zu sein. Anforderungen der genossenschaftlichen Arbeit wurden nur zu einem Mindestmaß erfüllt, während vielerorts gleich »weiche« Pläne aufgestellt wurden, die unter den Zielstellungen der vorangegangenen Jahre lagen. Neben diesem passiven Protest gegen die Kollektivierung nahm auch der aktive Widerstand sprunghaft zu. Die durch Brände verursachte Schadenssumme stieg im ersten Quartal 1960 gegenüber dem Vergleichszeitraum des Vorjahres um ein Viertel an, immer wieder traten massive Zerstörungen an Maschinen und Geräten der LPG auf, Flächenzusammenlegungen wurden sabotiert und die Zahl der Viehverendungen nahm bedrohliche Ausmaße an. So starben allein im Januar und Februar 1960 landesweit mehr als 2300 Rinder, 11 400 Schweine und 15 600 Stück Geflügel.[105]

Doch all dies vermochte nichts daran zu ändern, dass der Abschluss der Kollektivierung innerhalb weniger Monate erzwungen wurde. Von den mehr als 880 000 Privatbetrieben, die die Landwirtschaft der DDR zu Beginn der 1950er Jahre geprägt hatten, existierten nun nur noch weniger als 20 000.

104 KA Eilenburg, Rat der Gemeinde Authausen, Nr. 22.
105 Vgl. die Analyse vom 29. 3. 1960 zu Erscheinungen der Zersetzung innerhalb der Landwirtschaftlicher Produktionsgenossenschaften, in: BStU, ZAIG, Nr. 255, Bl. 1–12.

Nachdem der Bezirk Rostock bereits am 4. März seine »Vollgenossenschaftlichkeit« nach Berlin gemeldet hatte, folgten in den nächsten Wochen auch die anderen Regionen der DDR, so am 28. März der Bezirk Leipzig, am 11. April Dresden und als letztes am 14. April Karl-Marx-Stadt. Am 25. April 1960 schließlich trat Walter Ulbricht vor die Volkskammer, erklärte dort die »Bauernbefreiung« in der Deutschen Demokratischen Republik für beendet, lobte die Zwangskollektivierung als friedenssichernde Maßnahme und betonte: »Mit dem Eintritt aller Bauern in die landwirtschaftlichen Produktionsgenossenschaften sind jetzt alle Schranken, die die Entwicklung der Produktion und die Steigerung der Arbeitsproduktivität noch hemmten, beiseite geschoben.« [106] Die Agrarwirtschaft war entsprechend der ideologischen Vorgaben umgestaltet, die Zukunft schien rosig, die Verbesserung der Lebensverhältnisse gesichert.

5.7 Kollektivierung und Mauerbau

Wenige Wochen nach der Zwangskollektivierung ging das Ministerium für Staatssicherheit daran, den konkreten Zustand der DDR-Landwirtschaft zu analysieren. Dabei gelangte es zu einem aus seiner Sicht katastrophalen Ergebnis. Genossenschaftliche Arbeit wurde in vielen Fällen nur auf dem Papier verrichtet, tatsächlich aber waren die Verhältnisse in den Dörfern wie gehabt. Neue LPG-Mitglieder weigerten sich, ihre Flächen zusammenzulegen und verlangten kategorisch, die Ernte des Jahres 1960 noch individuell einbringen zu können. Die Planerfüllung blieb in fast allen Bereichen deutlich hinter den Erwartungen zurück, Ziele für das Folgejahr waren aus Sicht des MfS nur ungenügend gesetzt, die Viehsterblichkeit wies weiterhin dramatische Ausmaße auf, und immer wieder kam es wegen der unhaltbaren Zustände zu Streiks in den Produktionsgenossenschaften. Jetzt rächten sich auch die leichtfertigen Versprechungen der

106 Walter Ulbricht, Regierungserklärung über die Entwicklung der landwirtschaftlichen Produktionsgenossenschaften vom 25.4.1960, in: Ders., Bauernbefreiung, Bd. II, S. 1159–1205, hier S. 1160.

Denkmal mit dem Leitspruch zur Kollektivierung – der Sockel wurde aus den entfernten Grenzsteinen von zusammengelegten Flächen der örtlichen Gemarkungen zusammengesetzt.

Werbebrigaden, denn immer mehr Genossenschaftsbauern traten mit dem Hinweis aus den Gemeinwirtschaften aus, dass sie betrogen worden und daher nicht länger an ihre Unterschrift gebunden seien. Verstärkt wurden die als negativ bewerteten Tendenzen durch unerwartete Folgen des »sozialistischen Frühlings«. Das Steueraufkommen brach ein, weil

LPG-Mitglieder weniger zahlen mussten als Einzelbauern. Die Menge der abzuliefernden Produkte sank aus dem gleichen Grund. Das stärkte die Kaufkraft der Landbevölkerung, ohne dass dem ein gesteigertes Warenangebot gegenüberstand, wodurch die Unzufriedenheit weiter wuchs.

Schon Anfang Mai 1960 beliefen sich die Ablieferungsrückstände bei Fleisch landesweit auf fast 30 Millionen Kilogramm, allein im Bezirk Karl-Marx-Stadt fehlten Ende Juni u. a. 580 Tonnen Rindfleisch, 598 Tonnen Schweinefleisch und mehr als 9400 Tonnen Milch. Zudem konnten die Exportverpflichtungen nicht erfüllt werden, so dass empfindliche Konventionalstrafen drohten. Die Lage war so verzweifelt, dass regionale Funktionäre die Ausfälle durch die verstärkte Jagd auf Wildtiere oder die vermehrte Haltung von Kleinvieh zu kompensieren versuchten. Der Erfolg derartiger Maßnahmen blieb gleichwohl begrenzt, wie man alsbald feststellte: »Es ist unmöglich, den Rückstand an Rind und Schwein durch die Mast von Hähnchen und Enten aufzuholen. Um den Rückstand von 1265 t Schweine- und Rindfleisch aufzuholen, müßten beispielsweise 843 333 Hähnchen gemästet werden.« Doch nicht nur an der Versorgung mit tierischen Produkten haperte es. Das Angebot an Frischgemüse galt als mangelhaft, Frischobst befand sich überhaupt nicht mehr im Verkauf. Der Bedarf an Hülsenfrüchten war nur zu 60 bis 70 Prozent gedeckt, Gemüsekonserven wurden fast gar nicht mehr und Obstkonserven nur noch mit Kürbis oder Pflaumen gefüllt gehandelt. Wenige Monate nach der Vollkollektivierung war die schlechte Lebensmittelversorgung bereits wieder das Hauptthema öffentlicher Gespräche und eine Verbesserung der Lage nicht in Sicht.[107]

Besonders hart traf es den ersten »sozialistischen« Kreis des Landes, Eilenburg. Schon Ende März des Jahres 1960 war

107 Vgl. die Analysen des MfS zur Situation der Landwirtschaft im Bezirk Karl-Marx-Stadt, in: BStU, ASt. Chemnitz, AKG 475, Bd. 2, Zitat Bl. 460; Patrice Poutrus, Die Erfindung des Goldbroilers. Über den Zusammenhang zwischen Herrschaftssicherung und Konsumentwicklung in der DDR, Köln 2002, S. 32–42.

Tatsächliche Produktionsrückstände wurden auch in den Folgejahren verschwiegen und durch eine massive Propaganda für den sozialistischen Wettbewerb kaschiert, 1966. Auszug aus der ADN-Bildunterschrift: »Uschi Porsche, Sekretär der FDJ-Bezirksleitung Berlin verlieh am 29. 7. 1966 erstmals die Wanderfahne der Berliner FDJ-Bezirksleitung für die beste Mähdrescherbesatzung auf einem Roggenschlag in der Nähe des Zentralflughafen Schönefeld.«

er der größte Planschuldner des Bezirkes Leipzig, die Zahl der »Republikfluchten« nahm weiter zu und zwischenzeitlich hatten Kundenlisten in Geschäften eingeführt werden müssen, um den Mangel zu regulieren. Kaum zwei Jahre nach Abschaffung der Lebensmittelkarten kam diese Rationierung einer Bankrotterklärung des SED-Regimes gleich, dessen erklärtes Ziel es war, die Bundesrepublik im Pro-Kopf-Verbrauch an Lebensmitteln zu übertrumpfen. Die Vollkollektivierung sollte diesem Ansinnen zum Durchbruch verhelfen, tatsächlich jedoch trat das Gegenteil ein.

Wichtigster Grund für die vielfältigen Probleme war die Unfreiwilligkeit, trotz derer wenige Monate zuvor etwa die Hälfte aller Bauern in die Produktionsgenossenschaften gedrängt worden war. Die Voraussetzungen für ein erfolgreiches Arbeiten der Gemeinwirtschaften hatten sich durch die Zwangsmaßnahmen keineswegs verbessert, Leistungsanreize fehlten, eine so genannte »Arbeite-langsam-Ideologie« griff um sich, und die LPG-Mitglieder konzentrierten sich zunehmend auf die ihnen zugesicherte individuelle Hauswirtschaft. Diese Hauswirtschaft, die ein Stück Land sowie eine begrenzte Anzahl Nutzvieh umfasste und jedem LPG-Mitglied zustand, besserte die eigenen Einkünfte auf und schloss die allgegenwärtigen Versorgungslücken. Entsprechend intensiv wurde sie betrieben, in unzähligen Fällen lagen die damit erzielten Ergebnisse flächenbezogen deutlich über denen der LPG.

Die vielfältigen Negativentwicklungen resultierten ohne jeden Zweifel aus der erzwungenen Vollkollektivierung und wurden durch die Unfähigkeit der wirtschaftslenkenden Institutionen verstärkt, auf die neuen Herausforderungen effektiv zu reagieren. Die Wirkungen der offensichtlich missglückten Transformation reichten dabei wieder einmal weit über den agrarischen Sektor hinaus. Bereits im November 1960 musste Ulbricht in Moskau um außerplanmäßige Beihilfen nachsuchen, da die Versorgung im laufenden Jahr »unregelmäßiger« als zuvor gewesen und die »Republikflucht« daher nicht zu stoppen sei. Diese wiederum entzog der DDR dringend benötigte Arbeitskräfte, wodurch sich die Probleme weiter verschärften.[108]

Die politische Führung der DDR befand sich spätestens 1961 in einem Dilemma, das sie zu großen Teilen selbst herbeigeführt hatte. Die mangelnde Versorgung der Bevölkerung mit Gütern nahezu jeglicher Art erhöhte die Attraktivität der Bundesrepublik, die der erklärte Gegner der SED-Spitze war. Das dortige »Wirtschaftswunder« hatte sich inzwischen voll

---

108 Steiner, Von Plan zu Plan, S. 115–122.

Fluchtbedingten Arbeitsausfällen im Sommer 1961 begegneten die Funktionäre mit einer Propagandakampagne der »sozialistischen Hilfe für Neubrandenburg«.

entfaltet, Arbeitskräfte wurden gesucht. Die offene Grenze in Berlin ermöglichte es jedem Bewohner der DDR ohne große Schwierigkeiten, seinen Lebensmittelpunkt im anderen deutschen Staat zu wählen und damit auch einem politischen System den Rücken zu kehren, dem es an Legitimität fehlte. Versuche, der Ausreisebewegung mit weiteren Repressionsmaßnahmen zu begegnen, verstärkten das Phänomen letztlich nur. Im Sommer des Jahres 1961 brach eine regelrechte Torschlusspanik aus, denn die Gerüchte verdichteten sich, dass Ulbricht und Genossen der inzwischen schweren Systemkrise abermals mit einer Gewaltmaßnahme begegnen würden. Das war 1953 so gewesen und deutete sich auch jetzt wieder an. Täglich verließen nun fast 1000 Menschen die DDR.

Und noch immer zeigten sich die Entscheidungsträger unfähig, Strategien zu entwickeln, die Erfolg versprachen. Der gesamtgesellschaftliche Gestaltungsanspruch der SED hatte die DDR trotz zwischenzeitlicher Fortschritte an den Rand des ökonomischen Zusammenbruchs geführt, der notwendigerweise auch das Ende des politischen Herrschaftssystems nach sich gezogen hätte. Schließlich sah man auch in Moskau die weitere Existenz der DDR unmittelbar gefährdet und stimmte der von Ulbricht gewünschten Radikallösung zu. Die endgültige Abriegelung des Landes und das Einschließen seiner Bevölkerung sollten nun die dringend notwendige Stabilisierung bringen – der Mauerbau in Berlin ab dem 13. August 1961 war die Folge. Die Zwangskollektivierung hatte dazu wesentlich beigetragen, denn ihre Auswirkungen trafen alle Einwohner der DDR, die sich daher zunehmend nach Alternativen umgesehen hatten. Wiederum hatte eine ideologisch begründete Gewaltmaßnahme die Tore in die Zukunft aufstoßen sollen, und wiederum war dieser Versuch gründlich an der Realität gescheitert. Jetzt, mit dem Mauerbau, waren diese Realitäten fundamental verändert, und die SED-Führung ging daran, diese vielleicht letzte Chance zu nutzen.

6 Die »sozialistische« Landwirtschaft der DDR (1961–1990)

6.1 Die Durchsetzung »industriemäßiger Produktionsmethoden«

Seit dem Ende des Zweiten Weltkrieges arbeitete die politische Führung der SBZ/DDR daran, die gewachsenen Wirtschafts- und Beziehungsgeflechte auf dem Lande zu zerstören. Darauf hatte bereits der »Liquidierung« der Gutsbesitzer abgezielt, und die Kollektivierung war ein weiterer Versuch, eindeutige Verhältnisse zu schaffen. Der »sozialistische Frühling« hatte diese Ziele strukturell verwirklicht, in der Praxis jedoch blieb vieles wie gehabt. Erst der Mauerbau schaffte die Voraussetzungen, mit jedem abweichenden Verhalten bedingungslos abrechnen und so die eigenen Vorstellungen konsequent in die Tat umsetzen zu können.

Und so geschah es. Wenige Tage vor dem Mauerbau legte die Führungsriege des MfS, allen voran Erich Mielke, die weitere Marschrichtung fest: »Wer mit feindlichen Losungen auftritt, ist festzunehmen. Feinde sind streng und in der jetzigen Zeit schärfer anzupacken. Feindliche Kräfte sind sofort […] festzunehmen, wenn sie aktiv werden.«[109] Als feindlich galt nun abermals ein jeder, der sich nicht uneingeschränkt den Vorgaben der SED unterwarf – also auch jeder, der die Kollektivierung in Frage stellte. Landesweit schnellte in den Dörfern daraufhin die Zahl der Verhaftungen in die Höhe. So vollzog die Bezirksverwaltung der Staatssicherheit Leipzig in den ersten zehn Monaten des Jahres 1961 fünfzig Festnahmen im landwirtschaftlichen Bereich; doch nur sieben davon erfolgten zwischen Januar und August, 43 hingegen in den ersten sechs Wochen nach dem Mauerbau. Im richtungsweisenden Kreis Eilenburg hatte es bis zum Mauerbau gar keine derartigen Verhaftungen gegeben, nun waren es sechs innerhalb kurzer Zeit.[110]

---

109 Protokoll über die Dienstberatung am 11. 8. 1961, in: BStU, ZA, HA IX, Nr. 8.792, Bl. 231–241, hier Bl. 234.
110 Stützpunktberatung der Linie Landwirtschaft der BV Leipzig am 11. 10. 1961, in: BStU, ASt. Leipzig, BdL 000190, Bl. 62–71.

Auch in anderer Hinsicht erhöhte sich der Druck auf die landwirtschaftlichen Produzenten. Gemäß der marxistisch-leninistischen Ideologie musste nach der Kollektivierung der Bauern, nach ihrer erzwungenen Umwandlung in abhängige Landarbeiter, eine Konzentration der Produktionsverhältnisse erfolgen. Damit sollte nicht nur die Angleichung der Arbeits- und Lebensverhältnisse in Stadt und Land forciert, sondern auch die Verflechtung zwischen produzierenden und verarbeitenden Betrieben der Ernährungswirtschaft vorangetrieben werden. Das wiederum zielte auf einen Ausbau der zentral gesteuerten Planökonomie ab und sollte nebenbei mit Hilfe des »wissenschaftlich-technischen Fortschritts« die Heraus-bildung einer weitgehend homogenen »sozialistischen Men-schengemeinschaft« fördern. Also mussten zunächst die vielen Klein- und Kleinst-LPG, die im Verlauf des »sozialistischen Frühlings« entstanden waren, fusioniert werden. Innerhalb von zwei Jahren ging ihre Zahl daraufhin um etwa 15 Pro-zent zurück, doch galt das als zu wenig, denn noch immer bewirtschaftete fast die Hälfte der verbliebenen 16 511 Pro-duktionsgenossenschaften weniger als 200 Hektar, was für die durchgängige Etablierung von agrarwirtschaftlichen Großbe-trieben nicht ausreichte.

Mit einer Mischung aus Lockung und Zwang versuchte die politische Führung des Landes daher, die notwendigen Rah-menbedingungen möglichst günstig zu gestalten. Gewaltmaß-nahmen allein, das war eine Lehre der Jahre seit 1945, würden kaum ausreichen, um die gewünschten Erfolge zu erzielen und langfristig abzusichern. Also mussten die LPG noch stär-ker als bisher gefördert, Produktionsanreize geschaffen und vor allem die Mitglieder der Gemeinwirtschaften von deren Zukunft überzeugt werden. Seit dem Mauerbau war ein gene-relles Ausweichen nicht mehr möglich, unter dieser Bedin-gung sollte die Passivität vieler Genossenschaftsmitglieder nun in aktive Mitarbeit umgewandelt werden. Die sich bietenden

Aufstiegsmöglichkeiten in den Landwirtschaftsbetrieben sollten dazu ebenso beitragen wie die Gewährung von umfassenden Sozialleistungen und die verbesserte finanzielle wie
materielle Versorgung der Dörfer.

Einen ersten Schritt auf diesem Weg stellte die Übergabe
der Landtechnik von den Maschinen-Traktoren-Stationen an
die Produktionsgenossenschaften dar. Man hoffte, die Nutzung der Traktoren, Mähdrescher und sonstigen Maschinen
auf diesem Wege zu optimieren und einen dreifachen Effekt
zu erzielen: die Steigerung der Produktion, die Verbesserung
der allgemeinen Versorgungslage und höhere Einkünfte für
die LPG-Mitglieder. Im Sinne der Machthaber veränderte
sich auf diesem Wege auch die personelle Zusammensetzung
der LPG. Denn mit der Technik kamen die Techniker. Traktoristen, Mechaniker wie auch Verwaltungsangestellte wurden
nun in zunehmendem Maße Mitglied in den Produktionsgenossenschaften und verschafften so einem weiteren Anspruch
der Machthaber Vorschub: der sozialen Angleichung von Bauern und Landarbeitern, also der Entwicklung einer einheitlichen »Klasse« von Genossenschaftsbauern.

Doch noch immer hatte sich die Versorgungslage nicht
spürbar verbessert, im Gegenteil. Das war für die SED umso
misslicher, als seit dem Mauerbau dafür nicht mehr »Republikflüchtige« und vermeintliche »Klassenfeinde« aus West-
Berlin verantwortlich gemacht werden konnten. Der Handlungsdruck wuchs, und nach dem ernährungswirtschaftlichen
»Katastrophenjahr«[111] 1962 entschied man sich zu weiteren
grundlegenden Veränderungen. Das Signal dazu gab, wie so
oft, ein Parteitag der SED im Januar 1963. Fortan sollte der
Einführung »industriemäßiger Produktionsmethoden« absolute Priorität zukommen. Die rigide Zentralplanwirtschaft
der vorangegangenen Jahre hatte sich als ungeeignet erwiesen, die massiven Probleme erfolgreich zu bekämpfen. Also
sollte sie unter den Vorzeichen des »Neuen Ökonomischen

---

111 Poutrus, Die Erfindung des Goldbroilers, S. 78.

So genannte Dispatcher erfassen, »auf welchem Genossenschaftsfeld in den nächsten Tagen Maschinen benötigt werden«, LPG »Edwin Hoernle« in Sachsendorf.

Systems« (NÖS) gelockert und die Eigeninitiative der Betriebe gestärkt werden. Diese Lockerung des Zwangs hatte freilich enge Grenzen. Weder war an die (Wieder-)Einführung privatwirtschaftlicher Elemente gedacht, noch durften ideologische Grundsätze in Frage gestellt werden. Die Kollektivierung stand ebenso wenig zur Debatte wie die Alleinherrschaft der SED.

Gleichwohl erbrachten die ergriffenen Maßnahmen langsam Fortschritte. Das System der Pflichtablieferungen wurde aufgehoben. Stattdessen wurden einheitliche Agrarpreise eingeführt, die unmittelbar an den Ertragzuwachs und die Steigerung der Arbeitsproduktivität gebunden waren. Ein differenziertes Prämiensystem erhöhte den Anreiz zu effektiver Arbeit zusätzlich. Landwirtschaftliche Fachkräfte erhielten wieder größeres Mitspracherecht und der Verwaltungsapparat wurde gestrafft. Mechanisierung, Spezialisierung, Automatisierung und Chemisierung wurden feststehende Begriffe, die den Weg in die Zukunft weisen sollten. Als Schlüssel zum Erfolg galt aber die weitere Konzentration der Produktionsabläufe mittels Fusionen von Produktionsgenossenschaften. Politisch gewollt und ökonomisch gefördert, ging ihre Zahl im Verlauf des Jahrzehnts kontinuierlich zurück. Hatten 1960 landesweit noch mehr als 19 000 LPG bestanden, so waren 1970 kaum mehr als 9000 davon übrig. Absolute Priorität kam dabei dem Ausbau der LPG Typ III zu, in denen sowohl die Tier- als auch die Pflanzenproduktion genossenschaftlich organisiert war. Sie wurden weit umfangreicher als die beiden anderen Typen gefördert, die aufgrund ihres geringeren »Vergesellschaftungsgrades« an Produktionsmitteln nun zunehmend als Auslaufmodell galten. Zwar wirtschafteten sie im Durchschnitt erfolgreicher als die LPG Typ III, doch wurden die Rahmenbedingungen von den politischen Entscheidungsträgern mehrfach geändert, so dass ihr Überleben immer schwieriger wurde. Hatten 1960 noch 358 000 Mitglieder im Typ I und II gearbeitet, so waren es 1970 nur noch 158 882, fünf Jahre später waren davon sogar nur noch 10 806 existent.[112]

Die einseitige Förderung der LPG Typ III, die ohnehin als Musterbeispiel sozialistischer Produktion auf dem Lande galt, hatte vor allem einen Hintergrund: Mit der Etablierung immer größerer Einrichtungen sollten – wie in der Industrie – die zwischenbetrieblichen Kooperationen vorangetrieben werden. Traditionelle Beziehungen in den Dörfern traten damit weiter in den Hintergrund, bäuerliches Wissen verlor

112 Alle Zahlenangaben nach: Statistisches Jahrbuch 1989 der DDR, Berlin (Ost) 1989, S. 181 f.

Industrialisierung in der Viehzucht: Aufbau des Rinderkombinates der LPG »Ernst Schneller«, Bermsgrün 1961/1962.

an Bedeutung und die Industrialisierung landwirtschaftlicher Arbeitsabläufe wurde auf diese Weise zielgerichtet vorangetrieben.

Ab Mitte der 1960er Jahre übernahmen in wachsendem Ausmaß Zwischengenossenschaftliche Einrichtungen (ZGE), die von mehreren LPG getragen wurden, spezielle Aufgaben, wie etwa die Melioration, die Waldwirtschaft oder auch den Landhandel. Zudem nahm die Verflechtung mit dem industriellen Sektor der Volkswirtschaft deutlich zu. Verarbeitende Betriebe gründeten mit Produktionsgenossenschaft gemeinsame Unternehmungen zur Herstellung von Nahrungsmitteln, in Kombinaten Industrieller Mast (KIM) wurden Hühner und Eier »industriemäßig« produziert, und die Agrochemischen Zentren (ACZ) steigerten den Einsatz chemischer Dünge- und Pflanzenschutzmittel erheblich. Das »Neue Ökonomische System«, das bis zum Ende des Jahrzehnts schrittweise zurückgenommen wurde, hatte die

Futtersilo der Eierfabrik in der LPG Hottelstedt. In drei 90 Meter langen Aluminiumhallen mit Klimaanlage und regelbarer Beleuchtung befinden sich 37 000 Hennen, die täglich 30 000 Eier produzieren. Futterversorgung und Abtransport der Eier erfolgt automatisch über Förderbänder, 1967.

Selbstständigkeit und die Eigenverantwortung der landwirtschaftlichen Betriebe stärken sollen. Tatsächlich führte es letztlich zu einer weiteren, tief greifenden Einbindung derselben in die zentrale Planwirtschaft. Aus dem Blickwinkel der »sozialistischen Ökonomie« erwies sich dieser Weg als richtig, denn die Versorgungslage stabilisierte sich und damit auch die Herrschaft der SED. Mittelfristig sollten sich aus der Einführung »industriemäßiger Produktionsmethoden« jedoch verheerende Folgen entwickeln.

6.2 Spezialisierung als Leitmotiv

Konsequent setzte die politische Führung der DDR den eingeschlagenen Weg fort, immer gigantischer wurden die agrarwirtschaftlichen Unternehmen. Sinnbild dafür waren die Kooperativen Abteilungen Pflanzenproduktion (KAP), deren Gründung seit Ende der 1960er Jahre erfolgte. Sie nahmen die kommende, die bedingungslose Spezialisierung vorweg und waren Ausdruck eines unbändigen Fortschrittsglaubens wie auch der Realisierung ideologischer Vorgaben. Denn schon die »Klassiker« des Marxismus-Leninismus hatten in den großflächigen, spezialisierten, zentral gelenkten und an der industriellen Produktion orientierten Landwirtschaftsbetrieben den Weg in die kommunistische Zukunft gesehen. Nun schien die Zeit gekommen, auch diese Utopien in die Tat umzusetzen. Spätestens mit dem Machtantritt Erich Honeckers im Jahr 1971 gewannen derartige Zielstellungen weiter an Bedeutung. Damit stand die DDR keineswegs allein, denn weltweit vollzogen sich Konzentrations- und Spezialisierungsprozesse. Doch das Ausmaß, mit dem sie hier vorangetrieben wurden, suchte seinesgleichen.

Die Etablierung der KAP erfolgte in der Erwartung, dass große Flächen, darauf abgestimmte Maschinen, effektiver Einsatz der Technik und die konsequente Umsetzung des »wissenschaftlich-technischen Fortschritts« zu einer Senkung der Kosten führen und damit die Gewinne steigern würden. Dies war theoretisch festgeschrieben, praktisch widersprach es allen bisherigen Erfahrungen, denn erstmals wurden damit die vielfältigen Wechselbeziehungen zwischen tierischer und pflanzlicher Produktion radikal durchbrochen. Die beteiligten Produktionsgenossenschaften sollten ihr Acker- und Grünland faktisch aus den Betrieben ausgliedern und diese durch überbetriebliche Einrichtungen, die KAP, bewirtschaften lassen. Dies schien aus dem Blickwinkel der Genossenschaftsmitglieder umso unsinniger, als die LPG sich in ihrer

Mehrzahl wirtschaftlich konsolidiert hatten und unter den gegebenen Bedingungen endlich erfolgreich arbeiteten. Eine Ausgliederung von wichtigen Betriebsteilen musste unweigerlich zu Störungen führen und somit das individuelle Einkommen absenken. Zudem wurde den formalrechtlichen Eigentümern damit das Mitspracherecht über die Bewirtschaftung ihres Landes noch stärker als bisher entzogen. Dass die großflächigen KAP nicht mehr an örtlichen Gemarkungen orientiert waren, stand im Gegensatz zu allen Traditionen und schwächte die Identifizierung der Landwirte mit dem Boden. Mögliche Folgewirkungen waren nicht abzusehen und sind bis heute spürbar.

In den Dörfern regte sich daher Widerstand, der bis in die Reihen der LPG-Vorsitzenden reichte. Denn die Größe der Betriebe wurde als kaum noch handhabbar angesehen, die daraus resultierenden Anfahrts- und Transportwege als gewinn- und umweltschädigend wahrgenommen und eine weitere Aufweichung der Eigentumsverhältnisse befürchtet. Wie sich zeigen sollte, waren diese Einwände berechtigt, fanden aber dennoch kein Gehör. Auch hier galt, was schon bei Bodenreform und Kollektivierung ausschlaggebend gewesen war: Im Zweifelsfall triumphierten politisch-ideologische Annahmen über ökonomischen Sachverstand. Und so bewirtschafteten die landesweit mehr als 1000 Kooperativen Abteilungen Pflanzenproduktion schon 1975 nahezu 80 Prozent der landwirtschaftlichen Nutzfläche und verfügten dabei im Durchschnitt über jeweils mehr als 4100 Hektar – nie zuvor existierende Größenordnungen waren damit durchgesetzt.

Doch das war erst der Anfang. Denn nicht nur die Größe der Betriebe galt als Erfolgsgarant, sondern auch ihre möglichst weitgehende Spezialisierung. Bei deren Umsetzung ging die DDR einen Weg, der selbst von den anderen Ländern des sozialistischen Lagers in diesem Umfang nicht mitgetragen wurde. Nach sowjetischem Vorbild hatte es überall ähnliche

Ernteeinsatz einer Mähdrescherbrigade bei Halle.

Entwicklungen gegeben, doch nun setzte die SED-Führung zum Alleingang an. Schon zuvor hatte es Versuche gegeben, auch die tierische Produktion zu konzentrieren und zu spezialisieren, doch sie waren bisher nicht zuletzt am Mangel geeigneter Stallkapazitäten gescheitert. In den LPG Typ I war die Viehhaltung in privater Hand gewesen; mit deren Zurückdrängung eröffnete sich aber zunehmend die Möglichkeit, auch in diesem Bereich die agrarpolitischen Konzeptionen der SED in der Realität umzusetzen.

In der ersten Hälfte der 1970er Jahre setzte daraufhin eine nie da gewesene Bautätigkeit in den Dörfern ein. Auf zentrale Anweisung wurden riesige Stallkomplexe errichtet, in denen mehrere Tausende Tiere gehalten werden konnten. Tier-

und Pflanzenproduktion wurden im Ergebnis des IX. SED-Parteitages ab Mitte des Jahres 1976 strikt voneinander getrennt und die Zahl der LPG durch neuerliche Fusionen immer weiter verringert. Ende des Jahrzehnts blieben weniger als 4000 Produktionsgenossenschaften übrig, von denen sich fast zwei Drittel der tierischen und ein Drittel der pflanzlichen Produktion widmeten. Die LPG Pflanzenproduktion waren dabei vielfach Nachfolgeeinrichtungen der KAP, die LPG Tierproduktion das Ergebnis jener Rumpfbetriebe, die nach der Ausgliederung der Nutzfläche übrig geblieben waren. Die Größe der Äcker wuchs und prägte das Land, in den Ställen standen durchschnittlich über 1500 Großvieheinheiten. Um die Kooperation zwischen den gigantischen Agrarunternehmen und den mit ihnen verflochtenen Verarbeitungsbetrieben zu koordinieren und deren enge Einbindung in die Wirtschaftspläne zu sichern, wurde nach sowjetischem Vorbild in jedem Bezirk der DDR eine Agrar-Industrie-Vereinigung (AIV) gegründet, die Leitungs-, Lenkungs- und Kontrollfunktionen übernahm. Auch diese Einrichtung, die an Entwicklungen im industriellen Sektor orientiert war, sollte dazu beitragen, die Unterschiede zwischen Stadt und Land zu verwischen, das von der SED von jeher argwöhnisch beäugte Eigentümerbewusstsein in den Dörfern weiter zu verdrängen und Arbeiterklasse wie Genossenschaftsbauern enger zu einer »sozialistischen Menschengemeinschaft« zusammenzufügen.

Oberstes Ziel der Umstrukturierungen war die Erhöhung der Produktionsergebnisse sowie der Effizienz der LPG. Nach dem Machtantritt Honeckers im Jahr 1971 war ein ehrgeiziges Programm der »Einheit von Wirtschafts- und Sozialpolitik« aufgelegt worden, das die Bevölkerung der DDR durch umfassende materielle Zugeständnisse an das System binden und diesem somit weitere Stabilität verleihen sollte. Dazu war es zwingend notwendig, in allen volkswirtschaftlichen Bereichen spürbare Zuwächse zu erreichen. Als adäquates Mittel

Allerorts entstanden riesige Anlagen, wie hier die 2000er Milchviehanlage in der LPG »Befreites Land« in Veilsdorf, 1976.

hierfür wurden Konzentration, Kooperation und Spezialisierung angesehen.[113]

Tatsächlich verbesserte sich die materielle Lage vieler Dorfbewohner. In den späten 1960er und frühen 1970er Jahren hatten sich die LPG unter den von der SED-Politik gesetzten Rahmenbedingungen wirtschaftlich festigen können und arbeiteten häufig mit Gewinn. Dies schlug sich unmittelbar in den Einkommen der Mitglieder nieder. Außerdem übernahmen

---

113 Vgl. Steiner, Von Plan zu Plan, S. 167–178, 184–187.

die Produktionsgenossenschaften weitere Aufgaben in den Dörfern. Sie bauten Straßen, unterhielten Kindergärten und finanzierten Dorffeste oder sonstige kulturelle Unternehmungen. Darüber hinaus garantierte die persönliche Hauswirtschaft, die jedem LPG-Mitglied zustand, umfangreiche Zusatzeinkünfte. Dass die staatlich garantierten Aufkaufpreise deutlich über jenen lagen, die für das gleiche Produkt in den Läden zu zahlen waren, erhöhte die Lukrativität der privaten Arbeit zusätzlich. Doch der Aufschwung war teuer erkauft. Die Verbesserung der Lebensbedingungen galt als politisches Dogma, seine Finanzierung jedoch war nicht gesichert. Also begann man, von der Substanz zu leben. Notwendige Investitionen unterblieben, Modernisierungsmaßnahmen wurden nicht mehr durchgeführt, die Schulden wuchsen. Die Subventionierung der Lebensmittel nahm beständig größere Ausmaße an und auch das Grundziel der Agrarpolitik, die Versorgung der eigenen Bevölkerung weitgehend aus eigener Kraft zu realisieren, wurde zu keinem Zeitpunkt erreicht. Das Agrarpreissystem der DDR war danach ausgerichtet, die Bevölkerung mittels gesicherter Versorgung ruhig zu halten, ökonomische Erfordernisse traten dagegen in den Hintergrund. Das musste sich zwangsläufig rächen.

Überhaupt erwiesen sich die theoretischen Überlegungen abermals als ungeeignet, um den komplexen Notwendigkeiten der Praxis gerecht zu werden. Insbesondere die konsequente Auflösung der traditionellen Produktionszusammenhänge, die Trennung von Tier- und Pflanzenproduktion, führte zu einer Reihe unerwarteter Negativauswirkungen. Innerhalb weniger Jahre zeigte sich, dass die in den Dörfern erhobenen Einwände ihre Berechtigung hatten, auch wenn sie wieder einmal ungehört verhallt waren. Zwischen den LPG brachen Verteilungskämpfe um die allseits knappen Betriebsmittel aus, die wenigen freien Arbeitskräfte wurden heftig umworben. Spezifische Interessen der jeweiligen Betriebe verstärkten die

Beim Bau einer 2000er Milchviehanlage im VEG Görlsdorf werden 26 km Rohre im Bereich der KAP Görlsdorf verlegt, um die anfallende Gülle in der Pflanzenproduktion als flüssigen Dünger zu verregnen, 1977.

Spannungen. So waren die gigantischen Anlagen der Tierproduktion stark daran interessiert, die anfallenden Abwässer und Ausscheidungen schnell und kostengünstig als natürlichen Dünger auf den Feldern zu entsorgen. Die LPG Pflanzenproduktion hingegen hatten keinerlei Interesse an einer Überdüngung der Böden, die durch den Einsatz überdimensionierter Technik ohnehin außerordentlich strapaziert waren. Die Tierproduzenten klagten im Gegenzug über mangelnde Qualität des Futters, über falsche Liefertermine und ungenügende Mengen. Die betrieblichen Eigeninteressen führten immer wieder zu Konflikten, banden Zeit und Ressourcen, die dann anderweitig fehlten.

Mit der ständig wachsenden Betriebsgröße stiegen auch die Verwaltungs- und Transportkosten, die Gewinne blieben buchstäblich an den Reifen hängen. Die Kosten für Seuchenprophylaxe und veterinärmedizinische Versorgung erhöhten sich in den Großanlagen sprungartig. Es mangelte an Maschinen

Agrochemikalien werden zunehmend per Flugzeug ausgebracht.

und Ersatzteilen. Vor allem die Umweltschäden nahmen enorme Ausmaße an: Nach der flächendeckenden Rodung von Hecken zur Vergrößerung der Schläge konnte der Wind ungehindert fruchtbare Böden abtragen, die allgegenwärtigen Meliorationsmaßnahmen zerstörten die natürliche Regulierung des Wasserkreislaufes, wegen mangelnder Transportkapazitäten wurde anfallende Gülle direkt in Gewässer geleitet, im Umfeld der großen Stallanlagen starben die Wälder wegen massiver Überdüngung. Der ständig gesteigerte Einsatz von chemischem Dünger, von anorganischen Pflanzenschutzmitteln und sonstigen Chemikalien tat ein Übriges. Am Ende der 1970er Jahre dämmerte selbst den politischen Entscheidungsträgern, dass in der Landwirtschaft der DDR zu viel schief lief.

6.3 Rückbesinnung? Das letzte Jahrzehnt der DDR

Spätestens mit dem Beginn der 1980er Jahre war die Zeit der ideologiegeleiteten Experimente vorbei, da die Vielzahl der entstandenen Probleme zu einem pragmatischeren Handeln zwang. Schon 1978 waren die ersten Entscheidungen gefallen, die auf einen Abbruch der Konzentrations- und Spezialisierungsprozesse hindeuteten, mit dem X. Parteitag der SED im April 1981 erfolgte endgültig der Kurswechsel. Im gleichen Jahr forderte Erich Honecker, der zuvor alle fehlgeleiteten Entwicklungen mitverantwortet hatte, gar die Aufhebung der Trennung von Tier- und Pflanzenproduktion und gab damit die Richtung für das weitere Handeln vor. Zwar sollte sich die geschaffene Struktur bis zum Ende der DDR halten, doch häuften sich nun die Versuche, den Missständen zu begegnen.

Die Erfolgsaussichten derartiger Unterfangen waren freilich von Anbeginn begrenzt, und die Ursachen dafür waren wieder einmal vielfältig. Die Ertragszuwächse in der tierischen wie pflanzlichen Produktion stagnierten schon seit Mitte der 1970er Jahre, im folgenden Jahrzehnt sollten sie in etlichen Bereichen tendenziell sogar rückläufig sein. Im gleichen Zeitraum verringerte sich der Investitionsaufwand im agrarwirtschaftlichen Bereich um etwa 20 Prozent, der Modernisierungsrückstand nahm dadurch weiter zu.

Der akute Devisenmangel verhinderte zudem die Einführung von Innovationen, so dass die Technik mehr und mehr veraltete. Da es im ganzen Land an industriellen Gütern mangelte, flüchtete sich die Bevölkerung in den Konsum von Lebensmitteln, die hoch subventioniert waren. Die SED-Führung fürchtete seit Juni des Jahres 1953 jedoch nichts mehr als eine unzufriedene Bevölkerung, also blieben die Einzelhandelspreise nahezu unangetastet. Folglich stiegen die dazu aufgewendeten Mittel sprunghaft an, allein zwischen 1983 und 1986 von zwölf auf über 30 Milliarden Mark.[114]

---

114 Allg. Bauerkämper, Ländliche Gesellschaft, S. 202–205.

Konzentration und Untergrabung individueller Verantwortung: Modernisierung und Verwahrlosung liegen oft eng beieinander.

Trotz der schlechten Rahmenbedingungen sollte nichts unversucht bleiben, um die Landwirtschaft der DDR aus der selbst verschuldeten Misere zu führen. 1982 wurden der Minister für Land-, Forst-, und Nahrungsgüterwirtschaft und der zuständige Sekretär im Zentralkomitee der SED abgelöst. Die Konzentration der knappen Fördermittel auf ausgewählte Gemeinden, die so genannten Zentral- oder Hauptdörfer, wurde aufgegeben, da sie zu einem Verfall der Bausubstanz in den anderen Dörfern geführt hatte. Selbst die Angleichung der Arbeits- und Lebensbedingungen zwischen Stadt und Land, die seit mehreren Jahrzehnten ein Grundpfeiler der SED-Politik war und zu zahlreichen Fehlentscheidungen geführt hatte, wurde jetzt nicht mehr als vorrangig angesehen. Die privaten Hauswirtschaften wurden noch einmal aufgewertet, um so den Anreiz zu individueller Produktion weiter zu erhöhen und die Erträge zu steigern. Kern der vielfältigen

Bemühungen war jedoch eine umfassende Agrarpreisreform, die 1984 in Kraft trat. Sie strich direkte Subventionen und hob zugleich die Aufkauf- und Bezugspreise. Die LPG konnten so für ihre Produkte bessere Vergütungen erzielen, mussten zugleich aber deutlich höhere Preise für Ankäufe jeglicher Art zahlen. Damit sollten einerseits Leistungsanreize geschaffen, andererseits aber auch die Sparsamkeit der Betriebe angeregt werden. Für die Produktionsgenossenschaften funktionierten diese Mechanismen vielfach, ihre Einnahmen stiegen weiter. Für den stark angeschlagenen Staatshaushalt, der ohnehin nur durch zwei Milliardenkredite aus der Bundesrepublik stabilisiert werden konnte, blieben die erzielten Effekte hingegen weit hinter den Erwartungen zurück.

Ohne Zweifel erlangte im letzten Jahrzehnt der DDR der agrarwirtschaftliche Sachverstand wieder mehr Bedeutung für die relevanten Entscheidungsfindungen. Dazu gehörte auch, dass mit der Schaffung von Kooperationsräten in den Dörfern die Trennung der Tier- und Pflanzenproduktion ab Oktober 1983 praktisch wieder ganz überwunden oder zumindest die schlimmsten Folgen gemindert werden sollten. Das änderte jedoch wenig am grundlegenden Dilemma: Noch immer herrschte die selbst ernannte »Partei der Arbeiterklasse« über die Dörfer, und sie dachte trotz der gravierenden Probleme keineswegs daran, ihren allumfassenden Machtanspruch zur Disposition zu stellen. Angetreten war sie mit dem Versprechen, die Unwägbarkeiten der Marktwirtschaft durch die Einführung einer sozialistischen Planökonomie zu beseitigen und so die Lebensbedingungen der Bevölkerung nachhaltig zu verbessern. Das Leben in den Dörfern hatte sich unter dieser Vorraussetzung tatsächlich fundamental verändert. Die Landwirte waren nicht mehr selbstständige Unternehmer, sondern abhängige Lohnempfänger, die kaum noch Einfluss auf die Führung der Produktionsgenossenschaften hatten. In den »sozialistischen« Großbetrieben wurde nun im Schichtbetrieb,

Bundesarchiv, Häßler

Speisesaal der Kooperativen Abteilung Pflanzenproduktion Großenhain, 1973.

oftmals rund um die Uhr und in Brigaden gearbeitet. Die übermäßige Spezialisierung hatte dazu geführt, dass insbesondere die nachwachsenden LPG-Mitglieder zwar über umfassende Spezialkenntnisse verfügten, das Wissen um agrarwirtschaftliche Gesamtzusammenhänge jedoch nachließ.

Die gewährten Sozialleistungen waren beachtlich: Es galt die Fünf-Tage-Woche, bei Urlaub und Krankheit wurde der Lohn fortgezahlt, und die Kinder der LPG-Mitglieder wurden kostengünstig in Gemeinschaftseinrichtungen betreut.

Doch der Staat konnte sich derartige Wohltaten schlicht nicht mehr leisten. Schon seit Jahrzehnten lebte man von der Substanz, und die war nun weitgehend aufgezehrt. Mit der »Einheit von Wirtschafts- und Sozialpolitik« hatte sich die SED Ruhe im Land erkauft, im Gegenzug erwartete sie von der Bevölkerung die bedingungslose Unterordnung unter die

Die Kinder in den Dörfern werden in LPG-eigenen Kindergärten betreut, 1969. Auszug aus der ADN-Bildunterschrift: »Morgen sind sie Erntekapitäne und Agrotechniker, die Kleinen aus dem Kindergarten der LPG Gröbzig, Kreis Köthen. Die Genossenschaftsbauern der LPG Gröbzig begannen auf einem 320 Hektar großen Schlag mit der Ernte der Wintergerste.«

eigene Politik. Zunehmend legte sich Lethargie wie Mehltau über die Dörfer. Das Land war nach wie vor eingemauert und eine Möglichkeit, seine Zukunft nach eigenen Vorstellungen zu gestalten (oder auch nur ein Reiseziel frei zu wählen) bestand nicht. Immer öfter erwiesen sich die Versprechen von Partei und Staat als bloße Makulatur, die in der Realität keine Entsprechung fanden. Als sich die politische Führung der DDR dann auch noch jenen Reformbestrebungen widersetzte, die von Moskau ausgehend den gesamten Ostblock erfassten, entzog ihr die Bevölkerung endgültig die zumeist passive Loyalität. Die Folge war die Friedliche Revolution des Jahres 1989, die ein Jahr später zur Vereinigung der beiden deutschen Staaten führte und das Leben in den Dörfern abermals fundamental verändern sollte.

7 Fazit: Kommunistische Agrarpolitik in SBZ und DDR

Als die KPD-Führung 1945 in das besiegte und geteilte Deutschland zurückkehrte, war es schlicht unmöglich, die weitere Entwicklung vorherzusagen. Zwar hatten die Spitzenfunktionäre für die Zukunft ihres Einflussbereiches umfassende Pläne ausgearbeitet, doch war keineswegs sicher, dass sich diese auch würden umsetzen lassen. Zu verworren war die Lage in der Nachkriegszeit, zu präsent die spezifischen Interessen der sowjetischen Besatzungsmacht. Langfristige Planungen machten unter diesen Umständen kaum Sinn.

Gleichwohl traten die in Moskau geschulten Kader mit klaren Vorstellungen an; der Marxismus–Leninismus war ihr theoretisches Rüstzeug. Im Rückblick erstaunt, wie eng und detailliert sich die deutschen Spitzengenossen an das dort festgelegte Stufenmodell hielten: Zuerst müssten die Gutsbetriebe enteignet sowie ihre Besitzer vertrieben, dann die Großbauern energisch bekämpft und in einem finalen Schritt alle privatbäuerlichen Betriebe kollektiviert werden. All dies zielte in erster Linie darauf ab, die traditionellen Strukturen in den Dörfern zu zerstören, um sie durch neue, der Ideologie entlehnte, zu ersetzen und so den eigenen Machtanspruch zu realisieren. Mit großem Elan und massiver Unterstützung durch die Besatzungsmacht gingen die deutschen Kommunisten daher daran, das vorgegebene Modell umzusetzen. Während sie die gesteckten Ziele zu keinem Zeitpunkt aus den Augen verloren und in dieser Hinsicht zu keinerlei Zugeständnissen bereit waren, zeigten sie sich doch flexibel genug, ihre Taktiken zu modifizieren, wann immer es ihnen im eigenen Interesse angeraten erschien. Das wurde spätestens im Zusammenhang mit der Kollektivierung deutlich, die nach dem Volksaufstand des Jahres 1953 vorübergehend abgebremst wurde, um dann später doch mit einem massiven Gewaltakt vollendet zu werden.

Seit jeher hatte sich die KPD auf dem Lande schwer getan, und daran änderte sich auch nach 1945 wenig. Es mangelte ihren Funktionären an agrarwirtschaftlichen Kenntnissen, die Vorstellungen von den sozialen Beziehungen in den Dörfern blieben verschwommen und entsprachen zu jedem Zeitpunkt mehr den ideologischen Erwartungen als den Realitäten. Unter diesen Voraussetzungen wurden immer wieder Entscheidungen getroffen, die in den Dörfern auf harsche Ablehnung stießen und mitnichten dazu beitrugen, das Renommee von KPD bzw. SED zu verbessern. Es war unsinnig, die Bodenreform mitten in der Herbstbestellung zu beginnen. Es widersprach jedem Sachverstand, ab 1948 ausgerechnet die wirtschaftlich erfolgreichsten Bauern, die Großbauern, zu bekämpfen. Und es machte ökonomisch keinen Sinn, LPG zu erzwingen, deren Produktionsergebnisse flächenbezogen deutlich unter denen der Privatbetriebe lagen. Doch ökonomische Fragen standen vordergründig ohnehin nicht zur Debatte. »Die Annahme des wissenschaftlichen Marxismus, es gebe ein Ziel, das historisch gewiss, gesetzmäßig zu erreichen und wissenschaftlich zu prognostizieren sei«, verlieh dem Handeln der Partei eine ganz andere Dimension. Letztlich, so die unerschütterliche Überzeugung der Spitzenkader, würde der Kommunismus ohnehin siegen, dazu müssten nur die Reste der kapitalistischen Gesellschaftsordnung beseitigt werden. Und genau darum ging es bei Bodenreform, Verdrängungskampf und Kollektivierung: eine neue Ordnung zu schaffen, deren Ausdruck das sozialistische Dorf mit seiner sozialistischen Menschengemeinschaft sein sollte. Der Weg dorthin führte über eine radikale Veränderung der Eigentumsverhältnisse: »Im Namen eines neuen, nie gesehenen Menschen beschneidet die Partei die Rechte der konkreten Individuen.«[115] Das Mittel dazu war der Klassenkampf, und

---

115 Sigrid Meuschel, Legitimation und Parteiherrschaft. Zum Paradox von Stabilität und Revolution in der DDR 1945–1989, Frankfurt/M. 1992, S. 85.

er wurde mit aller Härte in die ländlichen Gemeinden hineingetragen.

Den Auftrag zu derart einschneidenden Veränderungen zog die Partei allein aus ihrer utopischen Weltanschauung. Da eine Politik gänzlich gegen den Willen der Beherrschten jedoch kaum Erfolg versprach, versuchte die KPD-/SED-Führung durchgängig, die von ihr veranlassten Transformationsprozesse als Umsetzung von Forderungen aus der »werktätigen Bevölkerung« zu verbrämen. Tatsächlich jedoch, das ist deutlich geworden, beruhte keiner der hier behandelten Prozesse auf derartigen, selbst bestimmten Willensbekundungen. Zwar gab es immer Beteiligte in den Dörfern, die von den aktuellen Entwicklungen profitierten, doch waren diese Entwicklungen stets Inszenierungen der Partei, nicht Ausdruck basisdemokratischer Bestrebungen. Mit ihren selbst geschaffenen Präzedenzfällen und der oftmals ungefragten Inanspruchnahme von Teilen der Dorfbevölkerung schuf die Partei zugleich eine scheinbare Legitimität ihrer Ziele, die sie daraufhin ohne Rücksichtsnahmen durchsetzte. Jene Neubauern, die für den Beginn der Kollektivierung instrumentalisiert wurden, hatten keineswegs gefordert, die Inhaber größerer Betriebe in jeglicher Hinsicht zu benachteiligen. Und schon im Zusammenhang mit der Bodenreform hatte sich gezeigt, dass die Landbevölkerung durchaus nicht darauf hoffte, von der selbst ernannten Partei der Arbeiterklasse die Erlaubnis zu erhalten, die Gutsbesitzer aus den Dörfern zu vertreiben. Doch ebenso wie die SED-Spitze stets ideologische über wirtschaftliche Belange stellte, so hatte auch die Utopie stets Vorrang vor der Realität: »Die neuen Machthaber sahen eine andere Realität als zahlreiche ihrer Zeitgenossen. Für sie waren ökonomische Rückschläge, Unzufriedenheit und Kritik nicht Ausweis einer fehlenden politischen Strategie, sondern Werke des Klassenfeindes.«[116]

Aus dieser Interpretation der Wirklichkeit resultierte eine ununterbrochene Politik von Kampagnen, mit der die

---

116 Baberowski, Der Rote Terror, S. 36.

erwünschten Erfolge erzielt werden sollten. Auch deshalb wurden immer wieder Modellbeispiele geschaffen und (vermeintliche) Massenbewegungen inszeniert, um so die Modelle auf die gesamte Gesellschaft zu übertragen. Im »sozialistischen Frühling« des Jahres 1960 zeigte sich diese Art der Machtausübung am deutlichsten, doch sie war auch zuvor immer wieder zur Anwendung gekommen. Da es dem Regime insgesamt an Legitimität fehlte, sollte die Macht des Beispiels den allgemeinen Wandel herbeiführen.

Dabei orientierte man sich selbst an einem vorgegebenen Beispiel. Eingangs ist die Frage gestellt worden, ob es sich bei der Transformation der DDR-Landwirtschaft bis hin zur Vollkollektivierung um eine »Sowjetisierung«, eine Übernahme des sowjetischen Modells, gehandelt habe. Daran kann kaum noch ein Zweifel bestehen. Obwohl die Vorgaben keineswegs ungebrochen übernommen wurden, obwohl nationale Besonderheiten Berücksichtigung fanden und obwohl den Bauern der DDR in Abweichung vom sowjetischen Vorbild Zugeständnisse gemacht wurden (etwa die verschiedenen LPG-Typen), war die Agrarwirtschaft der Sowjetunion doch absoluter Referenzpunkt für die ostdeutschen Funktionäre. Immer wieder fragten sie bei Problemen in Moskau um Rat, kopierten dortige Entwicklungen und übernahmen unsinnigste Verfahren (wie das Quadratnestpflanzverfahren), selbst wenn diese in den Dörfern und bei Fachwissenschaftlern auf heftige Ablehnung stießen. Nicht zuletzt verweist die (mit Ausnahmen) weitgehend identische Entwicklung in den anderen Staaten unter sowjetischer Hegemonie darauf, dass es hier ein Modell gab, dem die abhängigen Länder folgten. Ihre wichtigsten Parteifunktionäre waren fast durchgängig in Moskau geschult worden, hingen der marxistischen Weltanschauung bedingungslos an und sahen in der Sowjetunion die Realisierung der erhofften Zukunft. Sie hatten also keinen Grund, vom vorgegebenen Modell abzuweichen. Das galt umso mehr, als sich 1956 in Ungarn sehr drastisch gezeigt hatte, mit welchen Konsequenzen in einem solchen Fall zu rechnen war. Das sowjetische Modell war und blieb handlungsleitend.

Aus dieser einseitigen Orientierung auf das sowjetische Vorbild folgt daher eine weitere Schlussfolgerung. Mit der Übernahme der Regierungsgewalt durch kommunistische Parteien war der kommende Weg der Landwirtschaft festgeschrieben. Mit der Durchsetzung der Bodenreform war die Kollektivierung bereits vorgezeichnet. Das bedeutete für die SBZ/DDR keineswegs, dass die KPD-Führung bereits mit vorgefertigten Zeitplänen aus Moskau zurückkehrte oder auch nur eine Vorstellung davon hatte, wann und unter welchen Umständen sie die weiteren Schritte unternehmen würde. Dagegen sprachen allein schon die erwähnten Unwägbarkeiten der unmittelbaren Nachkriegszeit. Aber es war kein Zufall, dass nach der Umverteilung des Landes der Kampf gegen die Großbauern einsetzte. Schon Marx, Engels, Lenin und Stalin hatten dies zur notwendigen Vorraussetzung einer erfolgreichen Kollektivierung erklärt. Auch hier folgte die SED dem vorgegebenen Stufenplan. Die Frage war nicht, ob, sondern wann die vorgegebenen Maßnahmen erfolgen würden.

Mit der Vollkollektivierung waren die strukturellen Voraussetzungen für die Vollendung des Sozialismus auf dem Lande geschaffen. Und das war das eigentliche Ziel der Agrarpolitik seit 1945: der Aufbau sozialistischer Strukturen, sozialistischer Dörfer. Aus Gründen der Machtdurchsetzung wurde dies von den Funktionären von KPD und SED öffentlich zunächst bestritten, intern jedoch sehr früh diskutiert. Spätestens ab 1948 standen daher die Zeichen auf Kollektivierung, obgleich auch dies von der SED-Führung energisch abgestritten wurde. Zunächst verhinderten die besonderen Interessen der Sowjetunion einen solchen Schritt, doch als dieses Hindernis fiel, gab es kein Halt mehr. Als Konsequenz hörte das private Unternehmertum der DDR-Landwirtschaft im Mai des Jahres 1960 faktisch auf zu existieren.

Nun endlich konnten die politischen Entscheidungsträger ihre Vorstellungen von einer sozialistischen Großraumwirtschaft umsetzen, und sie taten es in der beschriebenen Weise. Auf den ersten Blick funktionierte die Landwirtschaft der DDR weiterhin, doch das war nicht zuletzt jenen Subventionen geschuldet, die sich der Staat immer weniger leisten konnte. Auf den zweiten Blick offenbarten sich zudem unzählige Problemfelder, die kaum noch beherrschbar waren. Das Ende war folgerichtig. Die Friedliche Revolution brachte 1989/90 auch in den Dörfern nachhaltige Veränderungen der bestehenden Verhältnisse. Dies geschah nicht ohne Gegenwehr der zur Partei des Demokratischen Sozialismus (PDS) mutierten SED. Über 40 Jahre hinweg war gegen den Willen dieser Partei keine erfolgreiche Berufslaufbahn möglich gewesen, ihre Gefolgsleute besetzten nahezu alle Führungspositionen und sie gedachten keineswegs, diese Stellungen leichtfertig aufzugeben. Darüber hinaus zementierte die Regierung unter Hans Modrow (PDS) mit Hilfe der Gesetzgebung 1990 einige der in den vergangenen Jahrzehnten erzwungenen Sachlagen. Mit dem Landwirtschaftsanpassungsgesetz vom 29. Juni desselben Jahres wurde schließlich jener Rahmen gesetzt, der die Überführung der Agrarbetriebe in das vereinigte Deutschland regelte. Auch hierbei sollte sich erweisen, dass die SED und ihre Politik keineswegs spurlos im Malstrom der Geschichte verschwanden. Insbesondere im Prozess der vorgeschriebenen Umwandlung der Produktionsgenossenschaften kam es zu vielfältigen Ungereimtheiten und Übervorteilungen der Mitglieder; langjährige Führungskräfte nutzten nicht selten ihren Informationsvorsprung, um die seit 1945 geschaffenen Strukturen zu erhalten. Viele der Umwandlungen gelten daher als rechtlich bedenklich, fehlerhaft oder gar nichtig. Die Folgen von Bodenreform und Kollektivierung sind bis heute in den betroffenen Dörfern deutlich zu spüren.

8 Anhang

8.1 Abkürzungen

Abt.	Abteilung
ABV	Abschnittsbevollmächtigter
ACZ	Agrochemisches Zentrum
ADN	Allgemeiner Deutscher Nachrichtendienst
AE	Arbeitseinheit
AIV	Agrar-Industrie-Vereinigung
AS	Allgemeine Sachablage
ASt.	Außenstelle
BArch	Bundesarchiv
Bd.	Band
BdL	Büro der Leitung
BHG	Bäuerliche Handelsgenossenschaft
Bl.	Blatt
BLHA	Brandenburgisches Landeshauptarchiv
BStU	Die Bundesbeauftragte für die Unterlagen des Staatssicherheitsdienstes der ehemaligen DDR
BV	Bezirksverwaltung
bzw.	beziehungsweise
CDU	Christlich-Demokratische Union
DBD	Demokratische Bauernpartei Deutschlands
DDR	Deutsche Demokratische Republik
ders.	derselbe
dies.	dieselbe(n)
DM	Deutsche Mark
FDJ	Freie Deutsche Jugend
GenG	Genossenschaftsgesetz
GI	Geheimer Informator
GM	Geheimer Mitarbeiter
ha	Hektar
Hrsg.	Herausgeber
HA	Hauptabteilung

HO	Handelsorganisation
IM	Inoffizieller Mitarbeiter
KA	Kreisarchiv
KAP	Kooperative Abteilung Pflanzenproduktion
KD	Kreisdienststelle
KIM	Kombinat Industrielle Mast
KPD	Kommunistische Partei Deutschlands
KPdSU	Kommunistische Partei der Sowjetunion
KVP	Kasernierte Volkspolizei
LDPD	Liberal-Demokratische Partei Deutschlands
LN	landwirtschaftliche Nutzfläche
LPG	Landwirtschaftliche Produktionsgenossenschaft
MAS	Maschinen-Ausleih-Station
MfS	Ministerium für Staatssicherheit
MTS	Maschinen-Traktoren-Station
NDPD	National-Demokratische Partei Deutschlands
NÖS	Neues Ökonomisches System
NS	Nationalsozialismus
o. D.	ohne Datum
ÖLB	Örtlicher Landwirtschaftsbetrieb
PDS	Partei des Demokratischen Sozialismus
RdK	Rat des Kreises
RdB	Rat des Bezirkes
Rep.	Repositur
S.	Seite
SAPMO	Stiftung Archiv der Parteien und Massenorganisationen (im Bundesarchiv)
SBZ	Sowjetische Besatzungszone
SdM	Sekretariat des Ministers
SED	Sozialistische Einheitspartei Deutschlands
SKK	Sowjetische Kontrollkommission
SMAD	Sowjetische Militäradministration in Deutschland
SPD	Sozialdemokratische Partei Deutschlands
SStAL	Sächsisches Staatsarchiv Leipzig

UdSSR	Union der Sozialistischen Sowjetrepubliken
VdgB	Vereinigung der gegenseitigen Bauernhilfe
VEG	Volkseigenes Gut
VP	Volkspolizei
VVEAB	Vereinigung Volkseigener Erfassungs- und Aufkaufbetriebe
ZA	Zentralarchiv
ZAIG	Zentrale Auswertungs- und Informationsgruppe
ZBE	Zwischenbetriebliche Einrichtungen
ZGE	Zwischengenossenschaftliche Einrichtungen
ZK	Zentralkomitee
ZKK	Zentrale Kontrollkommission

8.2 Quellen

Bundesarchiv Berlin

Bestand Staatliche Plankommission (DE 1)

Bestand Ministerium für Land- und Forstwirtschaft (DK 1)

Bestand Ministerium des Inneren (DO 1)

Stiftung Archiv der Parteien und Massenorganisationen der DDR im Bundesarchiv

Bestand Beschlüsse des Politbüros der SED (DY 30 J IV 2/2)

Bestand Abteilung Leitende Organe der Parteien und Massenorganisationen des ZK (DY 30/IV 2/5)

Bestand Abteilung Landwirtschaft des ZK (DY 30/IV 2/7)

Bestand Büro Gerhard Grüneberg (DY 30/IV 2/2.023)

Bestand Demokratische Bauernpartei Deutschlands (DY 60)

Bestand Nachlass Wilhelm Pieck (NY 4.036)

Bestand Nachlass Walter Ulbricht (NY 4.182)

Die Bundesbeauftragte für die Unterlagen des Staatssicherheitsdienstes der ehemaligen DDR

Bestand AS

Bestand BdL

Bestand HA III

Bestand HA IX

Bestand HA XVIII

Bestand SdM

Bestand ZAIG

sowie relevante Unterlagen aus verschiedenen Außenstellen der BStU

Sächsisches Staatsarchiv Leipzig

Bestand Bezirkstag und Rat des Bezirkes Leipzig

Bestand Tagungen der SED-Bezirksleitung (IV 2/2)

Bestand Abteilung Landwirtschaft (IV 2/7)

Bestand Abteilung Agitation und Propaganda (IV 2/9.01)

Bestand SED-Kreisleitung Eilenburg (IV 4/06)

Kreisarchiv des Landratsamtes Delitzsch, Außenstelle Eilenburg

Bestand Kreistag

Bestand Rat des Kreises

Bestand Rat des Kreises, Sekretariat des Vorsitzenden

Bestand Rat des Kreises, Abteilung Landwirtschaft

Rat der Gemeinde Authausen

Rat der Gemeinde Zschepplin

Der Autor dankt herzlich für die zahlreichen Quellen, die aus privaten Archiven zur Verfügung gestellt wurden.

8.3 Weiterführende Literatur

Theresia Bauer, *Blockpartei und Agrarrevolution von oben. Die Demokratische Bauernpartei Deutschlands 1948–1963*, München 2003.

Arnd Bauerkämper (Hrsg.), *»Junkerland in Bauernhand«? Durchführung, Auswirkungen und Stellenwert der Bodenreform in der Sowjetischen Besatzungszone*, Stuttgart 1996.

Arnd Bauerkämper, *Ländliche Gesellschaft in der kommunistischen Diktatur. Zwangsmodernisierung und Tradition in Brandenburg 1945–1963*, Köln 2002.

Wolfgang Bell, *Enteignungen in der Landwirtschaft der DDR nach 1949 und deren politische Hintergründe. Analyse und Dokumentation*, Münster-Hiltrup 1992.

Andreas Dix, *»Freies Land«. Siedlungsplanung im ländlichen Raum der SBZ und frühen DDR 1945–1955*, Köln 2002.

Rainer Eppelmann/Bernd Faulenbach/Ulrich Mählert (Hrsg.), *Bilanz und Perspektiven der DDR-Forschung*, Paderborn 2003.

Jens Gieseke, *Mielke-Konzern. Die Geschichte der Stasi 1945–1990*, Stuttgart 2001.

Marianne Haendcke-Hoppe-Arndt, *Die Hauptabteilung XVIII: Volkswirtschaft*, Berlin 1997.

Manfred Hildermeier, *Geschichte der Sowjetunion 1917–1991. Entstehung und Niedergang des ersten sozialistischen Staates*, München 1998.

Antonia Maria Humm, *Auf dem Weg zum sozialistischen Dorf? Zum Wandel der dörflichen Lebenswelt in der DDR und der Bundesrepublik Deutschland 1952–1969*, Göttingen 1999.

Ulrich Kluge, *Agrarwirtschaft und ländliche Gesellschaft im 20. Jahrhundert*, München 2005.

Ulrich Kluge/Winfrid Halder/Katja Schlenker (Hrsg.), *Zwischen Bodenreform und Kollektivierung. Vor- und Frühgeschichte der »sozialistischen Landwirtschaft« in der SBZ/DDR vom Kriegsende bis in die fünfziger Jahre*, Stuttgart 2001.

János Kornai, *Das sozialistische System. Die politische Ökonomie des Kommunismus*, Baden-Baden 1995.

Ilko-Sascha Kowalczuk/Armin Mitter/Stefan Wolle (Hrsg.), *Der Tag X – 17. Juni 1953. Die »Innere Staatsgründung« der DDR als Ergebnis der Krise 1952/54*, Berlin 1995.

Thomas Lindenberger, *Volkspolizei. Herrschaftspraxis und öffentliche Ordnung im SED-Staat 1952–1968*, Köln 2003.

Ulrich Mählert, *Kleine Geschichte der DDR*, München 2001.

Helmut Müller-Enbergs u. a. (Hrsg.), *Wer war wer in der DDR? Ein Lexikon ostdeutscher Biographien*, 2. Bde., Berlin 2006.

Patrice G. Poutrus, *Die Erfindung des Goldbroilers. Über den Zusammenhang zwischen Herrschaftssicherung und Konsumentwicklung in der DDR*, Köln 2002.

Rosemarie Sachse u. a. (Hrsg.), *Früchte des Bündnisses. Vom Werden und Wachsen der sozialistischen Landwirtschaft der DDR*, Berlin (Ost) 1985.

Barbara Schier, *Alltagsleben im »sozialistischen Dorf«. Merxleben und seine LPG im Spannungsfeld der SED-Agrarpolitik 1945–1990*, Münster 2001.

Jens Schöne, *Frühling auf dem Lande? Die Kollektivierung der DDR-Landwirtschaft*, Berlin 2007.

Jens Schöne, *Landwirtschaftliches Genossenschaftswesen und Agrarpolitik in der SBZ/DDR 1945–1950/51*, Stuttgart 2000.

André Steiner, *Von Plan zu Plan. Eine Wirtschaftsgeschichte der DDR*, München 2004.

Regina Teske, *Staatssicherheit auf dem Dorfe. Zur Überwachung der ländlichen Gesellschaft vor der Vollkollektivierung 1952 bis 1958*, Berlin 2006.

Adolf Weber, *Umgestaltung der Eigentumsverhältnisse und der Produktionsstruktur in der Landwirtschaft der DDR*, in: Materialien der Enquete-Kommission »Aufarbeitung von Geschichte und Folgen der SED-Diktatur in Deutschland« (12. Wahlperiode des Deutschen Bundestages, Baden-Baden 1995, Bd. II/4, S. 2809–2888.

Falco Werkentin, *Politische Strafjustiz in der Ära Ulbricht*, Berlin 1995.

Stefan Wolle, *Die heile Welt der Diktatur. Alltag und Herrschaft in der DDR 1971–1989*, Berlin 1998.

Zum Autor

Jens Schöne, Jahrgang 1970, wurde in Sachsen-Anhalt gebo-
ren und absolvierte nach der Schulausbildung eine landwirtschaftliche Lehre. Er studierte Geschichte sowie Anglistik und
Amerikanistik und promovierte im Jahr 2004. Jens Schöne
ist Stellvertretender Landesbeauftragter für die Stasi-Unterlagen in Berlin; zu seinen Veröffentlichungen gehören u. a.
»Stabilität und Niedergang. Ost-Berlin im Jahr 1987« (2006)
sowie »Frühling auf dem Lande? Die Kollektivierung der
DDR-Landwirtschaft« (2. Aufl. 2007).